电动机控制线路的
安装与检修

任晓琴 杜美华 管法家 ◎ 主编

中国书籍出版社
China Book Press

职业素养培养系列丛书
编辑委员会

主　任　张　丛　于元涛
副主任　梁聪敏　李翠祝　孙晓方　王宗湖
　　　　　李广东
委　员　于　萍　李　红　任晓琴　邓介强
　　　　　路　方　王翠芹

本书编委会

主　编　任晓琴　杜美华　管法家
副主编　李　静　张　敏　何金祥　闵　宁
　　　　　王　娜　于维波
编　委　于信侃　巩雯雯　赵丽红　孙园媛
　　　　　矫军秋　王梅颖　王晓明　杜　欣
　　　　　梁华忠　王心东　黄明涛　杨　鹏

前 言

为了更好地适用全国技工院校电工电子类专业一体化模式教学要求，全面提升技工教育教学质量，人力资源和社会保障部教材办公室组织有关院校的骨干老师和行业、企业专家，在充分调研企业生产和学校教学情况，广泛听取教师对现有教材意见的基础上，同时借鉴各地技工（职业）院校教学改革的成功经验，对现有全国中等职业院校电工电子类专业教材进行了修订。

电动机控制线路的安装与检修一体化教材的修订，主要体现在以下几方面：

第一，合理制定教材内容。

根据企业岗位的需求变化，通过企业专家调研确定典型工作任务。根据典型工作任务要求，确定学生应该具备的知识与能力结构；整合电工电子类专业教材内容，使一体化教材的知识点与技能点的深度和难度符合实际工作岗位需求，淘汰陈旧过时的内容，补充新知识、新技术等方面的内容；根据最新的国家技术标准编写教材内容，保证教材的科学性。

第二，重点突出动手操作能力的培养。

技工教育的一体化课程体系，来源于职业典型工作任务，结合校企双制、工学结合的人才培养模式，服务于企业用人需求。根据就业岗位对人才的要求，进一步加强动手操作能力的培养，在教学过程中体现"做中学、学中做"的教学理念。

第三，教材形式上突出创新。

在教材内容的展现形式上突出创新，尽可能使用图片、实物照片、表格、思维导图等形式将知识点和技能点生动地展示出来，力求让学生更直观地理解和掌握所学内容。

第四，衔接职业技能鉴定要求。

教材编写以2010年修订的维修电工国家职业技能标准为依据，涵盖国家（高级）技能鉴定标准的知识和要求。

在教材编写过程中，我们得到了省市人力资源和社会保障部门、教育部门，以及高等职业院校、技师学院的大力支持，在此表示衷心的感谢！

本教材涉及内容广泛，虽经全体编审人员反复修改，但限于时间和水平，书中难免有不足之处，欢迎各使用单位和个人提出宝贵意见，使教材不断完善。

编　者

2017年5月

目录 CONTENTS

学习任务一：电动机正反转控制线路的安装与检修 ········· 1
 学习活动一：获取信息 ········· 2
 学习活动二：制定计划 ········· 19
 学习活动三：作出决策 ········· 22
 学习活动四：实施计划 ········· 27
 学习活动五：检查控制 ········· 30
 学习活动六：评价反馈 ········· 33

学习任务二：电动机顺序控制电路的安装与检修 ········· 35
 学习活动一：获取信息 ········· 36
 学习活动二：制定计划 ········· 40
 学习活动三：作出决策 ········· 42
 学习活动四：实施计划 ········· 45
 学习活动五：检查控制 ········· 47
 学习活动六：评价反馈 ········· 50

学习任务三：自动往返控制线路的安装与检修 ········· 52
 学习活动一：获取信息 ········· 53
 学习活动二：制定计划 ········· 59
 学习活动三：作出决策 ········· 62
 学习活动四：实施计划 ········· 64
 学习活动五：检查控制 ········· 68
 学习活动六：评价反馈 ········· 70

学习任务四：减压启动电气控制线路的安装与检修 …………………………… 73
 学习活动一：明确工作任务 ……………………………………………………… 74
 学习活动二：新元器件的学习 …………………………………………………… 77
 学习活动三：作出决策 …………………………………………………………… 81
 学习活动四：勘查施工现场 ……………………………………………………… 89
 学习活动五：制定工作计划 ……………………………………………………… 93
 学习活动六：现场施工 …………………………………………………………… 96
 学习活动七：施工项目验收 ……………………………………………………… 100
 学习活动八：工作总结与评价 …………………………………………………… 102

学习任务五：CA6140型车床电气控制线路的安装与检修 ………………… 104
 学习活动一：明确工作任务 ……………………………………………………… 105
 学习活动二：获取信息 …………………………………………………………… 108
 学习活动三：施工前的准备 ……………………………………………………… 116
 学习活动四：施工现场调研、制定安装方案 …………………………………… 121
 学习活动五：现场施工 …………………………………………………………… 124
 学习活动六：通电试车、交付验收 ……………………………………………… 130
 学习活动七：工作总结与评价 …………………………………………………… 133

学习任务六：M7130（M7120）平面磨床电气控制线路的安装与调试 …… 136
 学习活动一：明确工作任务 ……………………………………………………… 137
 学习活动二：获取信息 …………………………………………………………… 140
 学习活动三：识读电路图 ………………………………………………………… 143
 学习活动四：勘查施工现场 ……………………………………………………… 148
 学习活动五：制定工作计划 ……………………………………………………… 151
 学习活动六：现场施工 …………………………………………………………… 154
 学习活动七：施工项目验收 ……………………………………………………… 157
 学习活动八：工作总结与评价 …………………………………………………… 159

学习任务七：Z35 钻床电气控制线路的安装与检修 ················· 161
 学习活动一：获取信息 ·· 162
 学习活动二：施工前的准备 ·· 165
 学习活动三：施工现场调研、制定安装方案 ······························ 172
 学习活动四：实施计划 ·· 174
 学习活动五：检查控制 ·· 177
 学习活动六：评价反馈 ·· 180

学习任务八：X62W 万能铣床电气线路的安装与检修 ················· 182
 学习活动一：明确工作任务 ·· 183
 学习活动二：获取信息 ·· 186
 学习活动三：施工前的准备 ·· 192
 学习活动四：施工现场调研、制定安装方案 ······························ 197
 学习活动五：现场施工 ·· 199
 学习活动六：通电试车、交付验收 ·· 203
 学习活动七：工作总结与评价 ·· 205

学习任务一：电动机正反转控制线路的安装与检修

工作情景描述

某机加工车间改造，需要 10 个正反转控制箱，机电工程系电气班承接该任务，要求在一周时间内完成安装与检修工作，并交付验收。

学习目标

1. 能明确工作任务要求，接受控制线路安装与检修任务，到现场了解情况。
2. 能制定工作计划，准备设备的图纸、说明书、检修记录等技术资料以及工具和仪表。
3. 能按图纸、工艺要求、安全规范和设备要求，安装元器件并接线，能用仪表检查电路安装的正确性并通电试车，施工完毕能清理现场。
4. 能定期对电动机及其控制线路进行维护，填写维护记录。
5. 能填写工作记录并交付验收，同时能够进行相关资料整理归档。
6. 能总结施工过程中出现的问题和解决方法，对自己和他人的工作做出中肯的评价。

建议课时

40 课时

学习地点

电力拖动实训室

学习准备

常用工具：测电笔、电工钳、尖嘴钳、斜口钳、螺钉旋具（一字形与十字形）、电工刀、校验灯。

常用量具：万用表。

专用元器件：组合开关、熔断器、低压断路器、接触器、热继电器、按钮、接线端子。

设备：自动控制试验台。

资料：维修单、安全操作规程。

工作过程与学习活动

1. 学习活动一：获取信息
2. 学习活动二：制定计划
3. 学习活动三：作出决策
4. 学习活动四：实施计划
5. 学习活动五：检查控制
6. 学习活动六：评价反馈

学习活动一：获取信息

学习目标

1. 能明确工作任务要求、工时、绘图原则。
2. 能够正确识读并画出正反转控制线路的电气图。
3. 能够简单描述主要电器元件的工作原理、作用及使用方法。
4. 能够熟练拆装主要电器元件。

建议课时

14 课时

学习地点

电力拖动实训室

学习过程

请阅读安装工作联系单（见表1），用自己的语言描述具体的工作内容。

表1 安装工作联系单

流水号：

类别：水□ 电□ 暖□ 土建□ 其他□　　　　　　　　日期：　年　月　日

安装地点			
安装项目			
需求原因			
申报时间		完工时间	
申报单位		安装单位	
验收意见		安装单位电话	
验收人		承办人	

引导问题1：该项工作在什么地点、什么时间进行？

_____

_____

引导问题2：该项工作需在什么时间内、由谁来完成？

_____

_____

引导问题3：该项工作的具体内容是什么？

_____

_____

_____

引导问题 4：你认识熔断器吗？常见的熔断器有哪些？

_____

_____

引导问题 5：你认识低压断路器吗？低压断路器是由哪些部分组成？它由哪些保护功能？

_____

_____

_____

_____

引导问题 6：画出熔断器、低压断路器的电气符号。（查阅参考书或上网查询）

熔断器	低压断路器

小提示

1. 几种常见的熔断器

有填料封闭管式熔断器　　　　　螺旋式熔断器

2. 对熔断器的选择要求

在电气设备正常运行时，熔断器不应熔断；在出现短路时，应立即熔断；在电流发生正常变动（如电动机起动过程）时，熔断器不应熔断；在用电设备持续过载时，应延时熔断。对熔断器的选用主要包括类型选择和熔体额定电流的确定。

选择熔断器的类型时，主要依据负载的保护特性和短路电流的大小。

例如，用于保护照明和电动机的熔断器，一般是考虑它们的过载保护，这时，希望熔断器的熔化系数适当小些。所以，容量较小的照明线路和电动机宜采用熔体为铅锌合金的RC1A系列熔断器，而大容量的照明线路和电动机，除过载保护外，还应考虑短路时分断短路电流的能力。若短路电流较小时，可采用熔体为锡质的RC1A系列或熔体为锌质的RM10系列熔断器。用于车间低压供电线路的保护熔断器，一般是考虑短路时的分断能力。当短路电流较大时，宜采用具有高分断能力的RL1系列熔断器。当短路电流相当大时，宜采用有限流作用的RT0系列熔断器。

熔断器的额定电压要大于或等于电路的额定电压。

熔断器的额定电流要依据负载情况而选择：

（1）电阻性负载或照明电路，这类负载起动过程很短，运行电流较平稳，一般按负载额定电流的1~1.1倍选用熔体的额定电流，进而选定熔断器的额定电流。

（2）电动机等感性负载，这类负载的起动电流为额定电流的4~7倍，一般选择熔体的额定电流为电动机额定电流的1.5~2.5倍。一般来说，熔断器难以起到过载保护作用，而只能用作短路保护，过载保护应用热继电器才行。

3. 常见的低压断路器

| DZ47-60/3P 型 | DZ47-16/1P 型 | DZ20-100/330 型 | DZ47LE-60 型 |

4. 断路器的作用

常用断路器又叫空气开关，具有短路保护、过载保护和漏电保护的功能。在电器超载或非正常运行中，如出现故障，会自动断开开关，起到保护电器和线路的作用；另外带有漏电保护的断路器，具有漏电保护功能，防止人为触电。

5. 低压断路器的结构和工作原理

断路器，在电路中作接通、分断和承载额定工作电流，并能在线路和电动机发生过载、短路、欠压的情况下进行可靠的保护。断路器的动、静触头及触杆设计成平行状，利用短路产生的电动斥力使动、静触头断开，分断能力高，限流特性强。如图1-1所示。短路时，静触头周围的芳香族绝缘物气化，起冷却灭弧作用，飞弧距离为零。断路器的灭弧室采用金属栅片结构，触头系统具有斥力限流机构，因此，断路器具有很高的分断能力和限流能力。

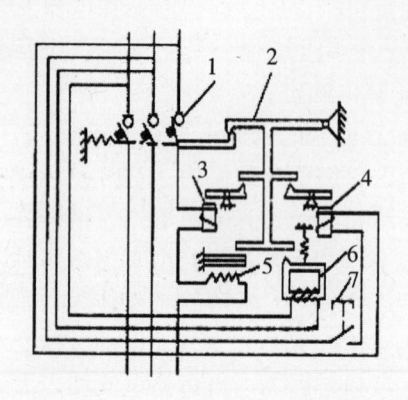

1—主触头；2—搭钩；3—过电流脱扣器；4—分励脱扣器；5—热脱扣器；6—欠压脱扣器；7—停止按钮

图 1-1　低压断路器的结构

引导问题 7：启动和停止按钮应分别选择什么颜色的按钮？

_____

_____

_____

_____

_____

引导问题 8：画出按钮图片的电气符号。（查阅参考书或上网查询）

常开按钮	常闭按钮	复合按钮

小提示

1. 按钮颜色的要求

（1）"停止"按钮和"急停"按钮必须是红色。当按下红色按钮时必须使设备停止运行或断电。

（2）"启动"按钮的颜色是绿色。

（3）"启动"和"停止"交替动作的按钮必须是黑色、白色或灰色，不得使用红色和绿色按钮。

（4）"点动"的按钮必须是黑色。

（5）"复位"（如有保护继电器的复位按钮）必须是蓝色，当复位按钮同时还有停止作用时，则必须是红色。

2. 按钮的图形符号（图1-2）

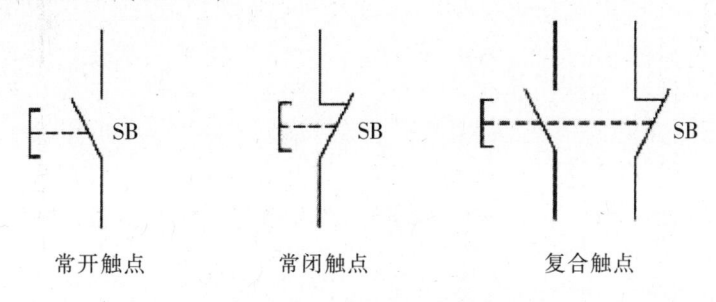

常开触点　　　　常闭触点　　　　复合触点

图1-2　按钮的图形符号

引导问题9：画出组合开关的电气符号。（查阅参考书或上网查询）

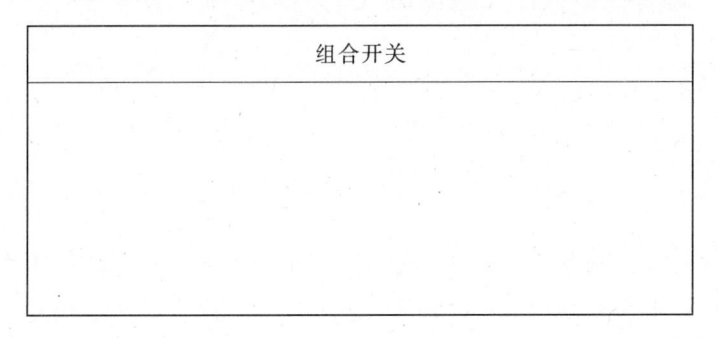

组合开关

引导问题10：结合组合开关实物，将各部分结构的名称补充完成。

_____

_____

_____

_____

_____

_____

知识拓展

一、开启式负荷开关图片

1. 闸刀开关的作用

闸刀开关是经济但技术指标偏低的一种刀开关。闸刀开关也称开启式负荷开关，是一种手动配电电器，主要用来隔离电源或手动接通与断开交直流电路，也可用于不频繁的接通与分断额定电流以下的负载，如小型电动机、电炉等。

2. 外形与结构

它主要包括与操作瓷柄相连的动触刀、静触头刀座、熔丝、进线及出线接线座，这些导电部分都固定在瓷底板上，且用胶盖盖着。所以当闸刀合上时，操作人员不会触及带电部分。胶盖还具有以下保护作用：将各极隔开，防止因极间飞弧导致电源短路，防止电弧飞出盖外灼伤操作人员；防止金属零件掉落在闸刀上形成极间短路。熔丝的装设又提供了短路保护功能。

3. 闸刀开关的技术参数与选择

正常情况下，闸刀开关一般能接通和分断其额定电流，因此，对于普通负载，可根据负载的额定电流来选择闸刀开关的额定电流。对于用闸刀开关控制电机时，考虑其起动电流可达4~7倍的额定电流，选择闸刀开关的额定电流，宜选电动机额定电流的3倍左右。

4. 使用闸刀开关时的注意事项

（1）将开关垂直地安装在控制屏或开关板上，不可随意搁置。

（2）进线座应在上方，接线时不能把它与出线座搞反，否则在更换熔丝时将会发生触电事故。

（3）更换熔丝时必须先拉开闸刀，并换上与原用熔丝规格相同的新熔丝，同时还要防止新熔丝受到机械损伤。

（4）若胶盖和瓷底座损坏或胶盖失落，闸刀开关就不可再使用，以防止安全事故。

二、组合开关

组合开关又称转换开关，在电气控制线路中常被作为电源引入的开关，可以用于手动不频繁地接通和分断电路、换接电源和负载，或控制5KW及以下小容量电动机的启动、停止和正反转。局部照明电路也常用它来控制。组合开关有单极、双极和多极三类，额定持续电流有10A、25A、60A、100A等多种。如图1-3所示。

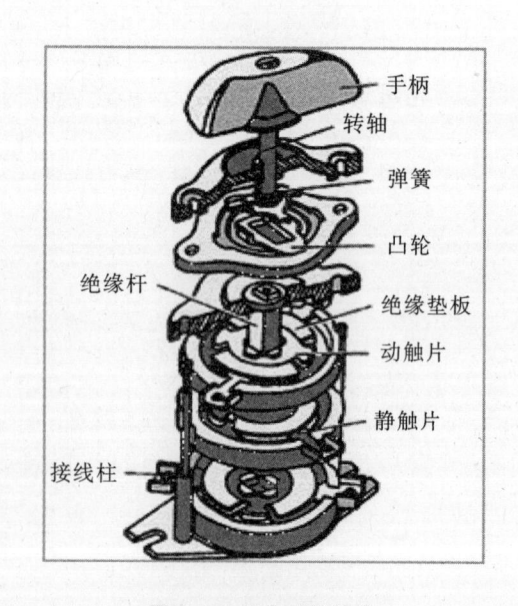

图1-3 组合开关结构

1. 组合开关的主要技术参数

根据组合开关型号可查阅更多技术参数，表征组合开关性能的主要技术参数有：

（1）额定电压

额定电压是指在规定条件下，开关在长期工作中能承受的最高电压。

（2）额定电流

额定电流是指在规定条件下，开关在合闸位置允许长期通过的最大工作电流。

（3）通断能力

通断能力是指在规定条件下，在额定电压下能可靠接通和分断的最大电流值。

（4）机械寿命

机械寿命是指在需要修理或更换机械零件前所能承受的无载操作次数。

（5）电寿命

电寿命是指在规定的正常工作条件下，不需要修理或更换零件的情况下，带负载操作的次数。

2. 组合开关的选用

组合开关用作隔离开关时，其额定电流应为低于被隔离电路中各负载电流的总和；用于控制电动机时，其额定电流一般取电动机额定电流的1.5~2.5倍。

应根据电气控制线路中的实际需要，确定组合开关的接线方式，正确选择符合接线要求的组合开关规格。

三、交流接触器

交流接触器的种类很多，空气电磁式交流接触器应用最为广泛，其产品系列、品种最多，结构和工作原理基本相同。常用的有国产的CJ10（CJT1）、CJ20和CJ40等系列，引进国外先进技术生产的CJX1（3TB和3TF）系列、CJX8（B）系列、CJX2系列等。下面以CJ10系列为例来介绍交流接触器。

1. 交流接触器的型号及含义

交流接触器的型号及含义如下：

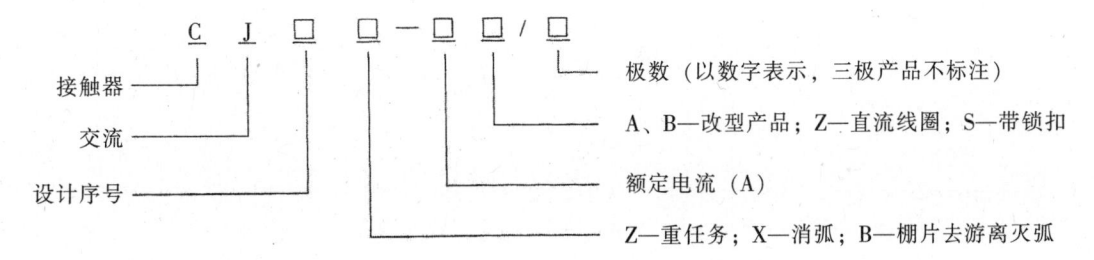

```
C J □ □ - □ □ / □
│ │ │ │   │  │  │
│ │ │ │   │  │  └─ 极数（以数字表示，三极产品不标注）
│ │ │ │   │  └──── A、B—改型产品；Z—直流线圈；S—带锁扣
│ │ │ │   └─────── 额定电流（A）
│ │ │ └─────────── Z—重任务；X—消弧；B—栅片去游离灭弧
│ │ └───────────── 设计序号
│ └─────────────── 交流
└───────────────── 接触器
```

2. 交流接触器的结构和符号

交流接触器主要由电磁系统、触头系统、灭弧装置和辅助部件等组成。CJ10-20型交流接触器的结构如图1-4所示。

a）电磁系统及辅助部件

b）触头系统和灭弧罩

图 1-4　交流接触器的结构

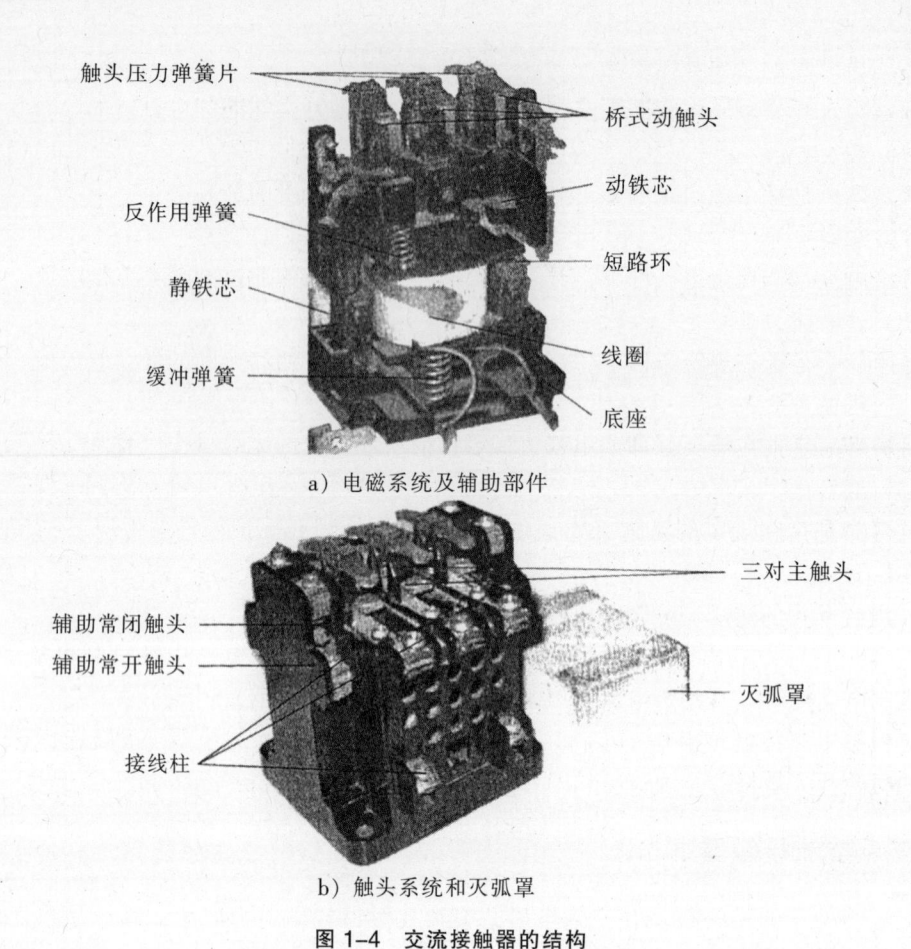

引导问题 11：结合交流接触器实物，将各部分结构的名称补充完整。（如图 1-4）

引导问题 12：结合所学知识，将交流接触器的组成部分进行归纳总结，并填入下表。

交流接触器的组成	电磁系统	静铁芯	E 形硅钢片
			粗而短的圆筒形
		动铁芯	E 形硅钢片
		辅助触头	三对常开触头
		双断口结构电动力灭弧装置	
			额定电流在 20A 及以上的 CJ10 接触器
			容量较大的交流接触器
	辅助部件	反作用弹簧	
			缓冲作用
			增大接触面积，减少接触电阻，防止触头过热损伤
		传动机构	
			在弹簧的作用下，带动触头动作
		接线柱	

引导问题 13：画出交流接触器的电气符号。（查阅参考书或上网查询）

主触头	辅助常开触头	辅助常闭触头	线圈

引导问题 14：请简要说明交流接触器的工作原理。

_____
_____
_____
_____
_____
_____

引导问题 15：写出交流接触器的拆卸流程（学生自己设计流程图）。

小提示

1. 交流接触器的基本组成

它是广泛用作电力的开断和控制电路。它利用主接点来开闭电路，用辅助接点来执行控制指令。主接点一般只有常开接点，而辅助接点常有两对具有常开和常闭功能的接点，小型的接触器也经常作为中间继电器配合主电路使用。交流接触器的接点由银钨合金制成，具有良好的导电性和耐高温烧蚀性。

CJ10 型号接触器　　　　CJT 型号接触器　　　　CJX2-0910 型号接触器

图 1-5　几种常用的交流接触器

交流接触器主要有四部分组成：
(1) 电磁系统，包括吸引线圈、动铁芯和静铁芯；
(2) 触头系统，包括三组主触头和一至两组常开、常闭辅助触头，它和动铁芯是连在一起互相联动的；
(3) 灭弧装置，一般容量较大的交流接触器都设有灭弧装置，以便迅速切断电弧，以免烧坏主触头；
(4) 绝缘外壳及附件，各种弹簧、传动机构、短路环、接线柱等。（如图 1-6）

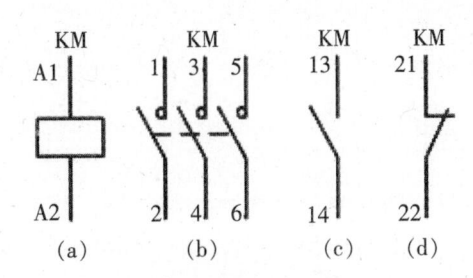

```
     KM        KM         KM       KM
   A1        1  3  5     13       21
   ┌─┐       ┤  ┤  ┤      \        \
   │ │       
   └─┘
   A2        2  4  6     14       22
   (a)        (b)        (c)      (d)
```

图 1-6　交流接触器的电气符号

2. 交流接触器的工作原理

当线圈通电时，静铁芯产生电磁吸力，将动铁芯吸合，由于触头系统是与动铁芯联动的，因此动铁芯带动三条动触片同时运行，触点闭合，从而接通电源。当线圈断电时，吸力消失，动铁芯联动部分依靠弹簧的反作用力而分离，使主触头断开，切断电源。

3. 接触器的分类

接触器是一种用来接通或断开带负载的交直流主电路或大容量控制电路的自动化切换器，主要控制对象是电动机，此外也用于其他电力负载，如电热器、电焊机、照明设备。接触器不仅能接通和切断电路，而且还具有低电压释放保护作用。接触器控制容量大，适用于频繁操作和远距离控制，是自动控制系统中的重要元件之一。

通用接触器可大致分以下两类：

（1）交流接触器

主要由电磁机构、触头系统、灭弧装置等组成。常用的是 CJ10、CJ12、CJ12B、CJX2 等系列。

（2）直流接触器

一般用于控制直流电器设备，线圈中通以直流电，直流接触器的动作原理和结构基本上与交流接触器是相同的。

知识拓展

1. 请同学们上网查找机械联锁（可逆）交流接触器、切换电容器接触器、真空交流接触器等几种常用接触器的图片、型号及适用场合。

2. 直流接触器

直流接触器主要用于远距离接通和分断直流电路以及频繁地启动、停止、反转和反接制动直流电动机，也用于频繁地接通和断开起重电磁铁、电磁阀、离合器的电磁线圈等。直流接触器有立体布置和平面布置两种结构，有的产品是在交流接触器的基础上派生的。因此，直流接触器的结构和工作原理与交流接触器的基本相同，主要由电磁机构、触点系统和灭弧装置三大部分组成。

（1）电磁机构

直流接触器电磁机构由铁芯、线圈和衔铁等组成，多采用绕棱角转动的拍合式结构。由于线圈中通的是直流电，正常工作时，铁芯中不会产生涡流，铁芯不发热，没有铁损耗，因此铁芯可用整块铸铁或铸钢制成。直流接触器线圈匝数较多，为了使线圈散热良好，通常将线圈绕制成长而薄的圆筒状。由于铁芯中磁通恒定，因此铁芯极面上也不需要短路环。为了保证衔铁可靠地释放，常需在铁芯与衔铁之间垫有非磁性垫片，以减小剩磁的影响。

（2）触点系统

直流接触器有主触点和辅助触点。主触点一般做成单极或双极，由于触点接通或断开的电流较大，所以采用滚动接触的指形触点。辅助触点的通断电流较小，常采用点接触的双断点桥式触点。

（3）灭弧装置

由于直流电弧不像交流电弧有自然过零点，直流接触器的主触点在分断较大电流（直流电路）时，灭弧更困难，往往会产生强烈的电弧，容易烧伤触点和延时断电。为了迅速灭弧，直流接触器一般采用磁吹式灭弧装置，并装有隔板及陶土灭弧罩。

引导问题 16：画出热继电器的电气符号。（查阅参考书或上网查询）

热元件	触　头

引导问题 17：简单描述热继电器的工作原理。

_____

_____

_____

_____

小提示

热继电器是由流入热元件的电流产生热量，使有不同膨胀系数的双金属片发生形变，当形变达到一定距离时就推动连杆动作，使控制电路断开，从而使接触器失电，主电路断开，实现电动机的过载保护。继电器作为电动机的过载保护元件，以其体积小、结构简单、成本低等优点在生产中得到了广泛应用。

1. 热继电器的技术参数

（1）额定电压：热继电器能够正常工作的最高电压值，一般为交流 220V、380V、600V。

（2）额定电流：热继电器的额定电流主要是指通过热继电器的电流。

（3）额定频率：一般而言，其额定频率按照 45~62Hz 设计。

(4) 整定电流范围：整定电流的范围由本身的特性来决定。它描述的是在一定的电流条件下热继电器的动作时间和电流的平方成反比。

2. 热继电器的作用

热继电器主要用来对异步电动机进行过载保护。它的工作原理是过载电流通过热元件后，使双金属片加热弯曲去推动动作机构来带动触点动作，从而将电动机控制电路断开，实现电动机断电停车，起到过载保护的作用。鉴于双金属片受热弯曲过程中热量的传递需要较长的时间，因此，热继电器不能用作短路保护，而只能用作过载保护。

3. 热继电器的结构及工作原理

(1) 结构

热继电器是利用电流的热效应来切断电路的保护电器，主要由发热元件、双金属片、触头及动作机构等部分组成。（如图1-7）

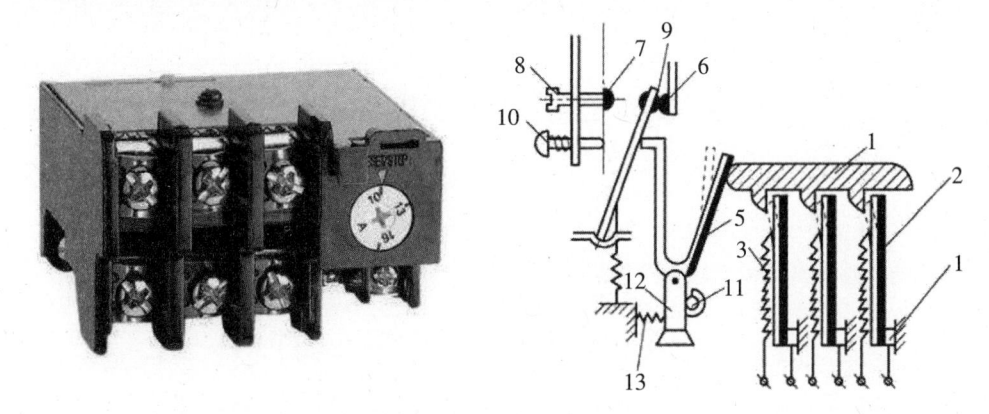

1—接线端子；2—主双金属片；3—热元件；4—导板触点；5—补偿双金属片；
6—常闭触头；7—常开触头；8—复位调节螺钉；9—动触头；10—复位按钮；
11—电流调节偏心轮；12—支撑件；13—弹簧

图 1-7 热继电器的结构

(2) 工作原理

热继电器使用时，需要将热元件串联在主电路中，常闭触头串联在控制电路中。当电动机过载时，流过电阻丝的电流超过热继电器的整定电流，电阻丝发热，温度升高，由于两块金属片的热膨胀程度不同而使主双金属片向右弯曲，通过传动机构推动常闭触头断开，分断控制电路，再通过接触器切断主电路，实现对电动机的过载保护。电源切除后，主双金属片逐渐冷却恢复原位。

4. 热继电器的日常维护

(1) 热继电器动作后复位要一定的时间，自动复位时间应在5分钟内完成，手动复位要在2分钟后才能按下复位按钮。

(2) 当发生短路故障后，要检查热元件和双金属片是否变形，如有不正常情况，应及时调整，但不能将元件拆下，也不能弯折双金属片。

(3) 使用中的热继电器每周应检查一次，具体内容是：热继电器有无过热、异味及放电现象，各部件螺丝有无松动、脱落及解除不良，表面有无破损及清洁与否。

(4) 使用中的热继电器每年应检修一次,具体内容是:清扫卫生,查修零部件,测试绝缘电阻应大于1兆欧,通电校验。经校验过的热继电器,除了接线螺钉之外,其他螺钉不要随便行动。

(5) 更换热继电器时,新安装的热继电器必须符合原来的规格与要求。

引导问题18:绘制电气原理图的一般原则有哪些?

_____

_____

引导问题19:画出点动正转控制线路图,并简单分析其工作原理。(查阅参考书或上网查询)

点动正转控制线路图	工作原理

引导问题20:阐述点动控制的定义。

_____

_____

_____

引导问题21:画出具有过载保护的自锁正转控制线路图,并简单分析其工作原理。(查阅参考书或上网查询)

具有过载保护的自锁正转控制线路图	工作原理

引导问题 22：阐述自锁控制的定义。

_____
_____
_____

引导问题 23：写出自锁正转控制线路中标注各图形符号的名称。

元件名称	元件图形符号	作用	备注
低压断路器			
低压熔断器			
交流接触器			
热继电器			
启动按钮			
停止按钮			

小提示

电气原理图的绘制原则：（电拖课本 102 页、96 页）

1. 一般原则
(1) 以国标图形符号表示电气元器件。
(2) 主电路与辅助电路分开。
(3) 可以将同一个电器元分解为几部分。
(4) 各电器元件的触头位置都按未受外力作用时的常态位置画出。
(5) 有直接电联系的交叉点用小黑点表示。

2. 电路各点标记
(1) 从电源引入用 L1、L2、L3 表示。
(2) 开关之后用 U、V、W 表示。
(3) 电动机各分支电路用文字符号加阿拉伯数字。
(4) 控制电路用阿拉伯数字编号。
3. 数字与图形符号组合，数字在后

小词典

1. 点动控制：按下按钮，电动机就得电运转，松开按钮，电动机就失电停转的控制方法。
2. 自锁控制：当启动按钮松开后，接触器通过自身的辅助常开触头使其线圈保持得电的作用。

评 价

项目	评价内容	自我评价		
		很满意	比较满意	还要加把劲
职业素养考核项目	安全意识、责任意识强；工作严谨、敏捷			
	学习态度主动；积极参加学习安排的活动			
	团队合作意识强；注重沟通，相互协作			
	仪容、仪表符合活动要求；朴实、大方			
专业能力考核项目	按时按要求独立完成工作页；质量高			
	相关专业知识查找准确及时；知识掌握扎实			
	原理分析正确、语言简练（添加内容元件的结构、工作原理、作用、使用方法）			
小组意见		综合等级	组长签名：	
老师意见		综合等级	教师签名：	

学习活动二：制定计划

学习目标

1. 准备设备的图纸、说明书等技术资料以及工具和仪表，识读电路原理图。
2. 分组并讨论完成正反转电路的绘制。

学习地点

电力拖动实训室

建议课时

6课时

学习过程

一、为了今后工作学习方便高效，你与班里同学协商，合理分成学习小组（组长自选，小组名按号排列）

分组名单

小组	组长	组员
1组		
2组		
3组		
4组		
5组		
6组		

二、结合实际，描述以下问题

引导问题1：请根据正转控制线路表述电动机反转的条件。

_____

_____

_____

_____

引导问题2：简述电动机换相的方法。

_____

_____

_____

引导问题3：画出电动机正反转的电路图，并简单分析其工作原理。

按钮联锁正反转控制线路	工作原理
接触器联锁正反转控制线路	工作原理
按钮、接触器双重联锁正反转控制线路	工作原理

引导问题 4：根据正反转电路图分析电路中常闭出头的作用。什么是联锁控制？联锁用什么符号表示？

_____
_____
_____
_____

小提示

电机正转和反转是利用电源的换相实现的。因此，当 KM1 线圈通电后，不允许 KM2 线圈同时通电，否则将会出现电源短路。为避免短路事故的发生，在 KM1 线圈中串接了 KM2 的常闭触点，在 KM2 线圈中串接了 KM1 的常闭触点，使得一个线圈工作时另一个线圈不能工作，从而实现了联锁。所以，在线路安装完成后，进行线路检查时要将常闭触点按下或将其断开，以确保联锁作用的存在。

展示与评价

各个小组可以通过不同的形式展示本组学员对本学习活动的理解，以组为单位进行评价。其他组对展示小组的过程及结果进行相应的评价。

序号	项目	自我评价			小组评价			教师评价		
		10~8	7~6	5~1	10~8	7~6	5~1	10~8	7~6	5~1
1	学习兴趣									
2	遵守纪律									
3	观察分析能力									
4	协作精神									
6	时间观念									
7	仪容、仪表符合活动要求									
8	工作效率、工作质量									
9	计划的合理性									
10	材料及工具的准备									
	总评									

学习活动三：作出决策

学习目标

1. 明确小组分工。
2. 能够分析三种正反转控制线路的优缺点，从而确定出最合适的电路。

学习地点

电力拖动实训室

学习课时

2课时

学习过程

一、小组人员分工

1. 组长：_____

2. 组员分工

组员姓名	分　　工

学习任务一：电动机正反转控制线路的安装与检修

通过前面的学习过程，同学们已熟悉了部分电器元件型号、规格、应用，本课任务用到了复合按钮元器件，请你查找资料回答以下问题：

引导问题 1：你见过复合按钮吗？其在电路中有何作用？

_____

_____

_____

引导问题 2：简述复合按钮的动作顺序。

_____

_____

_____

_____

引导问题 3：请说明三种正反转控制电路的优缺点。

正反转控制电路名称	优点	缺点
按钮联锁正反转控制线路		
接触器联锁正反转控制线路		
按钮、接触器双重联锁正反转控制线路		
最终方案		

23

引导问题 4：结合最终方案，绘制布置图。

引导问题 5：绘制接线图。

引导问题 6：工具及材料清单。

序号	工具或材料清单	数量	备注

小提示

1. 接触器联锁正反转控制线路的优点是工作安全可靠，缺点是操作不便。因为电动机从正转变为反转时，必须先按下停止按钮后才能按反转启动按钮，否则由于接触器的联锁作用而不能实现反转。

2. 按钮联锁控制线路的缺点是容易产生电源两相短路故障。例如：当正转接触器 KM1 发生主触点熔焊或被杂物卡住等故障时，即使 KM1 线圈失电，主触点也分断不开，这时若直接按下反转按钮 SB2，KM2 得电动作，触点闭合，必然造成电源两相短路故障。所以，采用此电路工作有一定的安全隐患。因此，在实际工作中，经常采用的是按钮、接触器双重联锁的正反转控制线路。

小词典

1. 布置图

根据电器元件在控制板上的实际安装位置，采用简化的外形符号（如正方形、矩形、圆形等）绘制的一种简图。布置图中各电器的文字符号，必须与电路图和接线图的标注相一致。

2. 接线图

根据电气设备和电器元件的实际位置和安装情况绘制的，它只用来表示电气设备和电器元件的位置、配线方式和接线方式，而不明显表示电气动作原理和电气元器件之间的控制关系。

3. 双重联锁控制线路的结构分析

结合了接触器联锁正反转控制线路、按钮联锁正反转控制线路这两个线路的结构，把两个线路组合起来形成的。

4. 双重联锁

第一重是交流接触器常闭触头与对方的线圈相串联而构成的联锁。另一重是复合按钮的常闭触头串联在对方的电路中而构成的联锁。

展示与评价

各个小组可以通过不同的形式展示本组学员对本学习活动的理解，以组为单位进行评价；其他组对展示小组的过程及结果进行相应的评价，评价内容为下面的"小组评价"内容；课余时间本人完成"自我评价"，教师完成"教师评价"内容。

（一）评价表

序号	项目	自我评价			小组评价			教师评价		
		10~8	7~6	5~1	10~8	7~6	5~1	10~8	7~6	5~1
1	协作精神									
2	时间观念									
3	仪容、仪表符合活动要求									
4	工作效率、工作质量									
5	新知识的获取									
6	原理的分析									
7	电路优缺点的表述									
	总评									

（二）教师点评（教师根据各组展示分别做有的放矢的评价）

1. 找出各组的优点并进行点评
2. 对各组的缺点进行点评，并给出改进方法
3. 总结整个任务完成中出现的亮点和不足

学习活动四：实施计划

学习目标

能按图纸、工艺要求、安全规范和设备要求，安装元器件并接线，施工完毕能清理现场。

学习地点

电力拖动实训室

学习课时

12课时

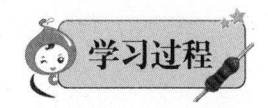

学习过程

一、现场准备与安装

通过前面的学习活动，同学们已熟悉按钮、接触器、双重联锁正反转线路的优点，已经进行了任务分工和材料领取。现进入现场配盘。请你思考回答以下问题，并完成安装任务：

引导问题1：根据现场特点，应采取哪些安全、文明的作业措施？

_____
_____
_____
_____
_____

引导问题2：选择哪些标识牌？悬挂在哪些醒目位置上？并说明原因。

_____

_____

_____

小提示

1. 应有安全、文明作业的组织措施：工作人员合理分工，建立安全员制度、监护人制度、文明作业巡视员制度。

2. 应采用必要的安全技术措施，如安全隔离措施，即切断外电线路电源并验电。

3. 在停电的电气线路、设备上工作，应挂警示类或禁止类标识牌；严禁约时停送电、装接地线等以防意外事故的发生。

4. 在断开的开关或拉闸断电锁好的开关箱操作把手上悬挂"禁止合闸，有人工作！"的标识牌，防止误合闸造成人身或设备事故发生。

引导问题3：安装工具使用中注意哪些问题？

_____

_____

_____

引导问题4：布线工艺要求有哪些？

_____

_____

_____

引导问题5：施工过程中遇到的问题及解决方法。

遇到的问题	解决方法

小提示

1. 查阅《电力拖动控制线路与技能训练》(第四版)第二单元课题一实训 2-2 的布线工艺要求。

2. 接触器联锁触头接线必须正确,否则会造成主电路中两相电源短路事故。

展示与评价

展示各组同学配盘过程和成果。在展示的过程中以组为单位进行评价,其他组对展示小组的成果进行相应的评价,评价内容为下面的"小组评价"内容;课余时间本人完成"自我评价",教师完成"教师评价"内容。

(一) 评价表

序号	项目	自我评价			小组评价			教师评价		
		10~8	7~6	5~1	10~8	7~6	5~1	10~8	7~6	5~1
1	元器件的识别									
2	元器件的型号、参数选用									
3	所用工具的正确使用与维护保养									
4	剥线质量									
5	电路连接的准确性									
6	规范、安全操作									
7	配盘的规范性									
8	协作精神									
9	查阅资料的能力									
10	工作效率与工作质量									
	总评									

(二) 教师点评 (教师根据各组展示分别做有的放矢的评价)

1. 找出各组的优点并进行点评

2. 对各组的缺点进行点评,并给出改进方法

3. 总结整个任务完成中出现的亮点和不足

学习活动五：检查控制

学习目标

1. 能用仪表检查电路安装的正确性并通电试车。
2. 能定期对电动机及其控制线路进行维护，填写维护记录。

学习地点

一体化实训室

学习课时

4课时

学习过程

引导问题1：通过教师的示范检修，写出检修工艺流程。

_____
_____
_____
_____

引导问题2：学生利用万用表完成对各小组完成电路的自检，并将结果记录如下：

_____
_____
_____
_____

引导问题3：根据通电试车情况，请各小组同学总结归纳几种常见故障现象与处理方法，并填入下表：

故障现象	造成原因	处理方法

知识拓展

常见故障分析

（1）按下正转启动按钮，接触器不吸合，电机不转。

故障原因：控制回路电源 L1、L3 没有电。两相熔断器接触不良或熔丝熔断，常闭按钮接触不良，热继电器常闭触点接触不良，线圈断路，KM2 常闭触点接触不良。

解决方法：提供电源，拧紧元件、更换熔丝，修理按钮，热继电器保证常闭点闭合、更换线圈，调整 KM2 常闭触点，使其接触良好。

（2）按下反转启动按钮，接触器不吸合，电机不转。

故障原因：控制回路电源 L1、L3 没有电。两相熔断器接触不良或熔丝熔断，常闭按钮接触不良，热继电器常闭触点接触不良，线圈断路，KM1 常闭触点接触不良。

解决方法：提供电源，拧紧元件，更换熔丝，修理按钮，热继电器保证常闭点闭合、更换线圈，调整 KM2 常闭触点，使其接触良好。

（3）合上电源开关，正转接触器吸合，电机正转。

故障原因：线圈线与火线接错，启动按钮 SB1 常开错接成常闭触点，KM1 自锁常开触点错接成常闭。

解决方法：改正接线错误的部分接线。

（4）合上电源开关，反转接触器吸合，电机反转。

故障原因：线圈线与火线接错，启动按钮 SB2 常开错接成常闭触点，KM2 自锁常开触点错接成常闭。

解决方法：改正接线错误的部分接线。

（5）按下正转启动按钮，接触器吸合，电机转动，抬手后电机停转，没有自锁。

故障原因：线圈线与自锁线接错，KM1 自锁触点接触不良，自锁线断线。

解决方法：改正接线错误的部分接线，修理接触器常开触点，将断线重新换线再接好。

（6）按下反转启动按钮，接触器吸合，电机转动，抬手后电机停转，没有自锁。

故障原因：线圈线与自锁线接错，KM2 自锁触点接触不良，自锁线断线。

解决方法：改正接线错误的部分接线，修理接触器常开触点，将断线重新换线再接好。

(7) 电源短路，保险丝熔断。

故障原因：没有将正转线圈或反转线圈接入电路中，造成无负荷短路。

解决方法：改正接线错误的部分接线好，再将保险芯更换。

(8) 接触器吸合，电机不转。

故障原因：电源 L2 没电，中间相保险丝断或熔断器接触不良，交流接触器三相接触不良，热继电器主电路断路。

解决方法：提供中相电源，更换熔芯，调节接触点，修理接触器和热继电器保证良好。

(9) 电机有正转没有反转。

故障原因：KM1 常闭触点可能断路，SB1 的常闭接触不良。

解决方法：调整 KM1 常闭触点，修理 SB1 使其接触良好。

(10) 电机有反转没有正转。

故障原因：KM2 常闭触点可能断路，SB2 的常闭接触不良。

解决方法：调整 KM2 常闭触点.修理 SB2 使其接触良好。

展示与评价

1. 组间交叉互评，并填写评价表：

评价项目	评价内容及评价分值		
	优秀（10~8）	良好（7~6）	继续努力（5~1）
元器件选择			
元器件检测			
电工工具的使用			
双重联锁正反转线路的原理分析			
元件布局			
配盘走线			
电动机运转情况			
导线的损坏			
接线的正确性			
美观协调性			
总评			

2. 教师点评（教师根据各组展示分别做有的放矢的评价）

学习活动六：评价反馈

学习目标

按电工作业规程，作业完毕后能清点工具、人员，收集剩余材料，清理工程垃圾，拆除防护措施。

学习地点

施工现场

学习课时

2课时

学习过程

引导问题1：作业完毕后清点所用的工具有哪些？

_____
_____

引导问题2：拆除防护措施的顺序是什么？

_____
_____

引导问题3：作业完毕后收集剩余材料，清理工程垃圾的具体工作有哪些？

_____
_____

引导问题4：通过电动机正反转控制线路的安装与检修过程，你有哪些收获？

_____
_____

引导问题 5：展示你最终完成的成果并说明它的优点。

_____

_____

引导问题 6：安装质量是否存在问题？是什么原因导致的？下次该如何避免？

_____

_____

_____

展示与评价

（一）评价表

任务完成后，学生对照自己的成果进行直观检查，学生自己完成"自检"部分内容，同时也可以由老师安排其他同学（同组或别组同学）进行"互检"，并填写下表：

项目	自检 合格	自检 不合格	互检 合格	互检 不合格
原件的选择				
各元器件的检测				
各器件固定的牢固性				
走线的规范性				
接线端子的正确、美观				
配盘的正确性				
接线端子可靠性				
维修预留长度				
导线绝缘的损坏				

（二）教师点评（教师根据各组展示分别做有的放矢的评价）

1. 找出各组的优点并进行点评。
2. 对各组的缺点进行点评，并给出改进方法。
3. 总结整个任务完成中出现的亮点和不足。

学习任务二：电动机顺序控制电路的安装与检修

工作情景描述

某机床电气控制线路需要改造，要求主轴电动机启动后才能启动冷却泵电动机。将此任务交给机电工程系电气班完成，要求在一周时间内完成安装与检修工作，并交付验收。

学习目标

1. 能通过阅读相关资料，明确工作任务要求。
2. 能正确识读时间继电器的技术资料。
3. 能根据任务要求，合理设计控制电路图、安装接线图。
4. 能按图纸、工艺、安全规范要求，安装元器件并接线。
5. 能用万用表检查电路安装的正确性。
6. 能正确完成通电试车。

建议课时

34课时

学习地点

电力拖动实训室

学习准备

常用工具：测电笔、电工钳、尖嘴钳、斜口钳、螺钉旋具、电工刀、剥线钳、线号机
常用仪表：万用表
材料：导线、热继电器、按钮、接线端子、线号管、电动机
专用元器件：组合开关、熔断器、低压断路器、接触器、热继电器、按钮、接线端子
设备：安装试验台
资料：维修单、安全操作规程

工作过程与学习活动

1. 学习活动一：获取信息
2. 学习活动二：制定计划
3. 学习活动三：作出决策
4. 学习活动四：实施计划
5. 学习活动五：检查控制
6. 学习活动六：评价反馈

学习活动一：获取信息

学习目标

1. 能明确工作任务要求，能正确描述电动机顺序控制电路的功能。
2. 能够正确识读并画出电动机顺序控制电路的电气图。
3. 能够简单描述主要电器元件的工作原理、作用及使用方法。

建议课时

10 课时

学习地点

电力拖动实训室

学习过程

一、阅读工作任务单，能明确工作内容

引导问题 1：请同学们阅读工作任务单（见附表一），写出该工作具体内容是什么？

_____
_____

引导问题 2：该项工作任务在什么地点完成？用时多久？

_____
_____

二、获取新知识

引导问题 1：什么是顺序控制？

_____
_____
_____

引导问题 2：实现顺序控制电路的方法有哪些？

_____
_____
_____

引导问题 3：顺序控制有哪些应用？

_____
_____
_____

电动机控制线路的安装与检修

引导问题 4：你知道机床中有哪些顺序控制作业？

_____
_____
_____

引导问题 5：电路图总共分为几部分，每部分的作用是什么？

_____
_____
_____
_____

引导问题 6：什么是电路原理图？

_____
_____
_____
_____

引导问题 7：什么是电器安装图？

_____
_____
_____
_____

引导问题 8：什么是电路接线图？

_____
_____
_____
_____

小词典

1. 电路原理图的特点及组成

电气设备的电路原理图，用以指导电气设备的安装和控制系统的调试运行工作。

2. 电器安装图

根据电路原理图设计电器元件安装的位置。

3. 电路接线图

根据电路原理图、电器安装图连接导线。

小提示

1. 网上查找顺序启动控制线路的内容。
2. 顺序控制广泛应用在机床电气控制中，如普通机床、数控机床等。

CA6140 普通机床　　　　　数控机床

图 2-1　机床图片

展示与评价

（一）评价表

项目	评价内容	自我评价		
		很满意	比较满意	还要加把劲
职业素养考核项目	安全、责任意识			
	学习态度			
	团队合作、沟通意识			
	劳动保护穿戴是否整齐、干净			
专业能力考核项目	按时、按要求完成工作页			
	相关专业知识查找、掌握			
小组评价意见		综合等级	组长签名：	
教师评价意见		综合等级	教师签名：	

(二) 教师点评
1. 找出各组的优点并进行点评
2. 对各组的缺点进行点评，并给出改进方法
3. 总结整个任务完成中出现的亮点和不足

学习活动二：制定计划

学习目标

1. 准备设备的图纸、说明书等技术资料以及工具和仪表，识读电路原理图。
2. 分组讨论并完成顺序控制电路的绘制。

学习地点

电力拖动实训室

建议课时

4课时

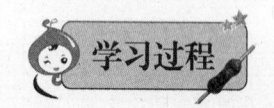

学习过程

一、为了今后工作学习方便高效，你与班里同学协商，合理分成学习小组（组长自选、小组名按号排列）

分组名单

小组	组长	组员
1组		
2组		
3组		
4组		
5组		
6组		

二、结合工作任务，描述以下问题

引导问题 1：请根据工作任务，列出主要电器元件：

_____

_____

_____

_____

引导问题 2：请根据工作任务，列出常用工具和材料：

_____

_____

_____

_____

展示与评价

各个小组可以通过不同的形式展示本组学员对本学习活动的理解，以组为单位进行评价。其他组对展示小组的过程及结果进行相应的评价。

序号	项目	自我评价			小组评价			教师评价		
		10~8	7~6	5~1	10~8	7~6	5~1	10~8	7~6	5~1
1	学习兴趣									
2	遵守纪律									
3	观察分析能力									
4	协作精神									
6	时间观念									
7	仪容、仪表符合活动要求									
8	工作效率、工作质量									
9	计划的合理性									
10	材料及工具的准备									
	总评									

学习活动三：作出决策

学习目标

1. 能根据电动机顺序控制电路的功能，制定设计步骤。
2. 能根据任务要求和实际情况，做出实施计划的策略。

学习地点

电力拖动实训室

学习课时

4课时

学习过程

引导问题1：主电路实现顺序控制线路。

引导问题2：控制电路实现顺序控制线路。

引导问题 3：两台电动机顺序起动、顺序停止电路原理图。

引导问题 4：你认为哪种电路更容易实现顺序控制？

_____

_____

引导问题 5：根据两台电动机顺序起动、逆序停止电路原理图，画出安装图、接线图。

原理图
安装图
接线图

引导问题 6：工具及材料清单：

序号	工具或材料清单	数量	规格	备注

小提示

1. 在设计电动机顺序控制电路之前，需要了解组成电路所需元件的结构、功能。
2. 以两台电动机顺序控制为例来实现本任务。

展示与评价

各个小组可以通过不同的形式展示本组学员对本学习活动的理解，以组为单位进行评价。其他组对展示小组的过程及结果进行相应的评价。评价内容为下表的"小组评价"内容；课余时间本人完成"自我评价"，教师完成"教师评价"内容。

（一）评价表

序号	项目	自我评价			小组评价			教师评价		
		10~8	7~6	5~1	10~8	7~6	5~1	10~8	7~6	5~1
1	学习兴趣									
2	原理图的绘制									
3	布置图和接线图的绘制									
4	观察分析能力									
5	准备充分齐全									
6	协作精神									
7	时间观念									
8	仪容、仪表符合活动要求									
9	遵守纪律									
10	工作效率与工作质量									
	总评									

(二) **教师点评**（教师根据各组展示分别做有的放矢的评价）
1. 找出各组的优点并进行点评
2. 对各组的缺点进行点评，并给出改进方法
3. 总结整个任务完成中出现的亮点和不足

学习活动四：实施计划

学习目标

1. 能按图纸、工艺要求、安全规范和设备要求，安装元器件并接线。
2. 能用万用表检查电路元器件的好坏。

学习地点

电力拖动实训室

学习课时

12 课时

学习过程

引导问题 1：领料并检测元器件的好坏。
_____
_____

引导问题 2：根据现场特点，应采取哪些安全、文明的作业措施？
_____
_____

引导问题 3：选择哪些标识牌？悬挂在哪些醒目位置上？并说明原因。
_____
_____
_____
_____

电动机控制线路的安装与检修

小提示

1. 应有安全、文明的作业组织措施：工作人员合理分工，建立安全员制度、监护人制度、文明作业巡视员制度。
2. 应采用必要的安全技术措施，如安全隔离措施，即切断外电线路电源并验电。
3. 在停电的电气线路、设备上工作，应挂警示类或禁止类标识牌；严禁约时停送电、装接地线等以防意外事故的发生。
4. 在断开的开关或拉闸断电锁好的开关箱操作把手上悬挂"禁止合闸，有人工作！"的标识牌，防止误合闸造成人身或设备事故的发生。

引导问题4：布线工艺要求有哪些？

_____
_____
_____
_____
_____
_____
_____

引导问题5：施工过程中遇到的问题及解决方法：

遇到的问题	解决方法

小提示

根据勘察施工现场，了解所控制的电动机技术参数，制定工作计划表。

工作计划表可以是表格的形式，也可以是流程图的形式或者文字的形式。描述你对现场勘查的信息记录，并制定相应的工作计划。

学习任务二：电动机顺序控制电路的安装与检修

展示与评价

评价结论以分数等这种质性评价为好，因为它能更有效地帮助和促进学生的发展。小组成员互评，在你认为合适的地方打分，组长评价、教师评价考核采用以下方式：

项目	自我评价			小组评价			教师评价		
	10~8	7~6	5~1	10~8	7~6	5~1	10~8	7~6	5~1
分析电动机控制线路原理									
分析元器件作用									
列出材料数量									
列出材料质量									
列出工具数量									
列出工具质量									
灯、开关的安装高度									
各元器件位置、尺寸									
导线绝缘的损坏									
美观协调性									
合计									

学习活动五：检查控制

学习目标

1. 能用仪表检查顺序控制电路安装的正确性并通电试车。
2. 能定期对电动机及其控制线路进行维护，填写维护记录。

学习地点

电力拖动实训室

电动机控制线路的安装与检修

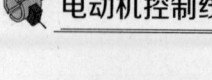

学习课时

4 课时

学习过程

引导问题 1：通过教师的示范检修，写出检修工艺流程。

_____

_____

_____

_____

引导问题 2：学生利用万用表完成对各小组完成电路的自检，并将结果记录如下：

_____

_____

_____

_____

引导问题 3：根据通电试车情况，请各小组成员总结归纳几种常见的故障现象与处理方法，填入下表：

故障现象	造成原因	处理方法

展示与评价

以组为单位进行评价，其他组对展示小组的过程及结果进相应的评价。

（一）评价表

项目内容	配分	评分标准	扣分
装前检查	15 分	1. 电动机电压检查、接线检查。每缺一项扣 3 分 2. 电动机质量检查，每漏一处扣 2 分 3. 电器元件电压检测，每缺一项扣 3 分 4. 电器元件漏检或错检，每处扣 2 分	
安装元件	15 分	1. 不按布置图安装，扣 10 分 2. 元件安装不紧固，每个扣 2 分 3. 安装元件时不整齐、不合理，每个扣 2 分 4. 损坏元件，每个扣 15 分	
布线	30 分	1. 不按电路图接线，扣 25 分 2. 布线不符合要求，扣 4 分 3. 接点松动、露铜过长、压绝缘层反圈，每处扣 2 分 4. 损伤导线绝缘或线芯，每根扣 5 分 5. 导线不横平竖直，每根扣 2 分 6. 线路有不合理交叉，每处扣 2 分	
通电试车	40 分	1. 热继电器没有整定或整定错误，扣 5 分 2. 熔体规格配错，每个扣 3 分 3. 每次试车不成功，扣 20 分 4. 出现短路故障，每次扣 40 分	
安全文明生产		违反安全文明生产规程，扣 5~40 分	
定额时间		每超时 1 分钟，扣 1 分	
开始时间		结束时间	实际时间

（二）教师点评（教师根据各组展示分别做有的放矢的评价）

1. 找出各组的优点并进行点评
2. 对各组的缺点进行点评，并给出改进方法
3. 总结整个任务完成中出现的亮点和不足

学习活动六：评价反馈

学习目标

1. 真实评价学生的学习情况。
2. 培养学生的语言表达能力。
3. 培养学生的归纳总结能力、逻辑思维能力及评判能力。
4. 展示学生的学习成果，树立学生的学习信心。

学习地点

电力拖动实训室、教室

学习课时

4 课时

学习过程

引导问题 1：通过顺序控制线路的安装与检修过程，你学到了什么？

引导问题 2：展示你最终完成的成果并说明它的优点。

引导问题 3：安装质量是否存在问题吗？是什么原因导致的？下次该如何避免？

引导问题 4：作业完毕后清点所用的工具有哪些？

引导问题 5：拆除防护措施的顺序是什么？

_____

_____

引导问题 6：作业完毕后收集剩余材料，清理工程垃圾的具体工作有哪些？

_____

_____

展示与评价

展示各组同学完成任务的过程和成果在展示的过程中以组为单位进行评价。其他组对展示小组的成果进行相应的评价，评价内容为下面的"小组评价"内容；课余时间本人完成"自我评价"，教师完成"教师评价"内容。

（一）评价表

序号	项目	自我评价			小组评价			教师评价		
		10~8	7~6	5~1	10~8	7~6	5~1	10~8	7~6	5~1
1	学习兴趣									
2	遵守纪律									
3	元器件的识别									
4	元器件的型号、参数选用									
5	所用工具的正确使用与维护保养									
6	导线剥削的质量									
7	规范、安全操作									
8	协作精神									
9	查阅资料的能力									
10	工作效率与工作质量									
	总评									

（二）**教师点评**（教师根据各组展示分别做有的放矢的评价）

1. 找出各组的优点并进行点评
2. 对各组的缺点进行点评，并给出改进方法
3. 总结整个任务完成中出现的亮点和不足

学习任务三：自动往返控制线路的安装与检修

工作情景描述

某机床电气控制线路需要改造，要求工作台能实现自动往返运动。将此任务交给机电工程系电气班完成，要求在一周内完成安装与检修工作，并交付验收。

学习目标

1. 能明确工作任务要求，接受控制线路检修任务，到现场了解情况。
2. 能制定工作计划，准备设备的图纸、说明书、技术资料以及工具和仪表。
3. 能按图纸、工艺要求、安全规范和设备要求，安装元器件并接线，能用仪表检查电路安装的正确性并通电试车，施工完毕能清理现场。
4. 能定期对电动机及其控制线路进行维护，填写维护记录。
5. 能填写工作记录并交付验收，同时能够进行相关资料整理归档。
6. 能总结施工过程中出现的问题和解决方法，对自己和他人的工作做出中肯的评价。

建议课时

42课时

学习地点

电力拖动实训室

学习任务三：自动往返控制线路的安装与检修

学习准备

常用工具：测电笔、电工钳、尖嘴钳、斜口钳、剥线钳、螺钉旋具（一字型与十字型）、电工刀、校验灯

仪表：万用表

材料：导线、按钮、行程开关、交流接触器、热继电器、熔断器、低压断路器、接线端子、电动机

专用元器件：组合开关、行程开关、熔断器、低压断路器、接触器、热继电器、按钮、接线端子

设备：自动控制试验台

资料：维修单、安全操作规程

工作过程与学习活动

1. 学习活动一：获取信息
2. 学习活动二：制定计划
3. 学习活动三：作出决策
4. 学习活动四：实施计划
5. 学习活动五：检查控制
6. 学习活动六：评价反馈

学习活动一：获取信息

学习目标

1. 明确工作任务要求，能够绘制电动机自动往返控制线路电路图，表述原理及各元器件的作用。
2. 能正确画出行程开关的图形符号，掌握其结构和工作原理。
3. 能明确工时、工艺要求。

建议课时

10 课时

电动机控制线路的安装与检修

学习地点

电力拖动实训室

学习过程

一、请阅读工作任务单，用自己的语言描述具体的工作内容

工作联系单见附表1

引导问题1： 该项工作在什么地点、什么时间进行？

_____

引导问题2： 该项工作需在什么时间内、由谁来完成？

_____

引导问题3： 该项工作的具体内容是什么？

_____

引导问题4： 该项工作完成后交给谁验收？

_____

引导问题5： 你见过行程开关吗？它由哪些部分组成？它有哪些保护功能？

_____

_____

_____

_____

引导问题6： 画出行程开关的电气符号。（查阅参考书或上网查询）

行程开关

54

引导问题 7：拆装行程开关，并记录各部分元件名称、作用。

_____
_____
_____
_____

引导问题 8：简述行程开关工作原理。

_____
_____
_____
_____

引导问题 9：简述行程开关常见故障及处理方法。

_____
_____
_____
_____

附表 1　　　　　　　　　　安装工作联系单

流水号：2015-01-037

类别：水□　电□　暖□　土建□　其他□　　　　　日期：　年　月　日

安装地点			
安装项目			
需求原因			
申报时间		完工时间	
申报单位		安装单位	
验收意见		安装单位电话	
验收人		承办人	

> 小提示

一、行程开关

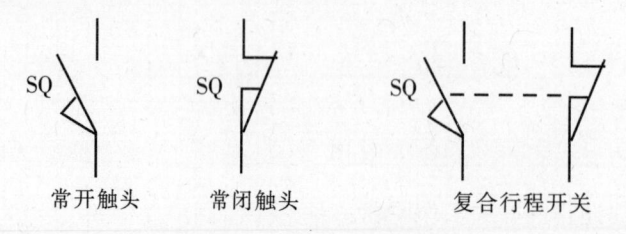

常开触头　　常闭触头　　复合行程开关

图 3-1　行程开关图形符号

1. 行程开关的定义

行程开关又称限位开关，是一种利用生产机械某种运动部件的碰撞来发出控制指令的主令电器。主要用于控制生产机械的运动方向、速度、行程大小或行程位置，是一种自动控制电器。它是利用生产机械运动部件的碰压使其触头动作，从而将机械信号转变为电信号，使运动机械按一定的位置或行程实现自动停止、反向运动、变速运动或自动往返运动。（如图 3-1）

2. 行程开关的工作原理

（1）直动式行程开关

动作原理同按钮类似，所不同的是一个是手动、另一个则由运动部件的撞块碰撞。当外界运动部件上的撞块碰压按钮使其触头动作，当运动部件离开后，在弹簧作用下，其触头自动复位。

（2）滚轮式行程开关

当运动机械的挡铁（撞块）压到行程开关的滚轮上时，传动杠连同转轴一同转动，使凸轮推动撞块，当撞块碰压到一定位置时，推动微动开关快速动作。当滚轮上的挡铁移开后，复位弹簧就使行程开关复位。这种是单轮自动恢复式行程开关。而双轮旋转式行程开关不能自动复原，它是依靠运动机械反向移动时，挡铁碰撞另一滚轮将其复原。

3. 行程开关的常见故障和处理方法如表 3-1 所示

表 3-1

故障现象	可能的原因	处理方法
挡铁碰撞位置开关后，触头不动作	(1) 安装位置不准确 (2) 触头接触不良或接线松脱 (3) 触头弹簧失效	(1) 调整安装位置 (2) 清刷触头或紧固接线 (3) 更换弹簧
杠杆已经偏转，或无外界机械力作用，但触头不复位	(1) 复位弹簧失效 (2) 内部撞块卡阻 (3) 调节螺钉太长，顶住开关按钮	(1) 更换弹簧 (2) 清扫内部杂物 (3) 检查调节螺钉

引导问题 10：什么是位置控制？

_____
_____
_____
_____
_____

引导问题 11：位置控制电路由哪些电器元件组成？

_____
_____
_____
_____
_____

小提示

1. 正反转控制线路

（1）组成

正反转控制线路包括 QF（低压断路器）、FU（熔断器）、KM（交流接触器）、KH（热继电器）、SB（按钮）、M（主轴电机）。

（2）结构分析

该电路是结合了接触器联锁正反转控制线路、按钮联锁正反转控制线路这两个线路的结构，把两个线路组合起来形成的。第一重是交流接触器常闭触头与对方的线圈相串联而构成的联锁。另一重是复合按钮的常闭触头串联在对方的电路中而构成的联锁。

优点是工作安全可靠，操作不便。因为电动机从正转变为反转时，只需按反转启动按钮，就能实现反转。

2. 位置控制线路

（1）组成

位置控制线路包括 QF（低压断路器）、FU（熔断器）、KM（交流接触器）、KH（热继电器）、SQ（行程开关）、SB（按钮）、M（主轴电机）。

（2）结构分析

运用生产机械上的挡铁与行程开关碰撞，使其触头动作来接通或断开电路，以实现对生产机械运动部件的位置或行程的自动控制。实现这种控制要求所依靠的主要电器是行程开关。

小词典

1. 接触器联锁

当一接触器得电动作时，通过其常闭辅助触头使另一接触器不能得电动作，称为接触器联锁，也称为互锁。实现联锁作用的辅助常闭触头称为联锁触头（或互锁触头）。联锁用符号"▽"表示。

2. 位置控制

运用生产机械上的挡铁与行程开关碰撞，使其触头动作来接通或断开电路，以实现对生产机械运动部件的位置或行程的自动控制的方法称为位置控制，又称行程控制或限位控制。

展示与评价

各个小组可以通过不同的形式展示本组学员对本学习活动的理解，以组为单位进行评价。其他组对展示小组的过程及结果进行相应的评价。评价内容为下表的"小组评价"内容；课余时间本人完成"自我评价"，教师完成"教师评价"内容。

（一）评价表

项目	评价内容	自我评价		
		很满意	比较满意	还要加把劲
职业素养考核项目	安全意识、责任意识强，工作严谨、敏捷			
	学习态度主动，积极参加学校安排的活动			
	团队合作意识强，注重沟通，相互协作			
	劳动保护穿戴整齐，干净、整洁			
	仪容仪表符合活动要求，朴实、大方			
专业能力考核项目	按时按要求独立完成工作页，质量高			
	相关专业知识查找准确及时，知识掌握扎实			
小组评价意见		综合等级	组长签名：	
教师评价意见		综合等级	教师签名：	

（二）**教师点评**（教师根据各组展示分别做有的放矢的评价）

1. 找出各组的优点并进行点评
2. 对各组的缺点进行点评，并给出改进方法
3. 总结整个任务完成中出现的亮点和不足

学习活动二：制定计划

学习目标

1. 准备好有关的图纸、说明书、技术资料以及工具和仪表。
2. 识读电路原理图。
3. 分组并讨论完成自动往返控制电路的绘制。

学习地点

电力拖动实训室

建议课时

10 课时

学习过程

结合工作任务，描述以下问题：

引导问题 1：画出电动机位置控制线路和自动往返控制线路的电路图、布置图，并试着画出接线图。

	电动机位置控制线路	电动机自动往返控制线路
电路图		
安装图		
接线图		

引导问题 2：总结本组位置控制和自动往返控制线路的电路图、布置图、接线图的优点，并展示。

_____

_____

_____

引导问题 3：根据任务单制定计划如下，展示并最终确定计划。

小提示

1. 绘制、识读接线图时应遵循以下原则

（1）接线图中一般示出如下内容：电气设备和元器件的相对位置、文字符号、端子号、导线号、导线类型、导线截面积、屏蔽和导线绞合等。

（2）所有的电气设备和元器件都按其所在的实际位置绘制在图样上，且同一电器的各元件根据其实际结构，使用与电路图相同的图形符号画在一起，并用点划线框上其文字符号以及接线端子的编号，应与电路图中的标注一致，以便对照检查接线。

（3）接线图中的导线有单根导线、导线组（或线扎）、电缆等之分，可用连续线和中断线表示。凡导线走向相同的可以合并，用线束来表示，到达接线端子板或元器件的连接点时再分别画出。在用线束表示导线组、电缆时，可用加粗的线条表示，在不引起误解的情况下，也可采用部分加粗。另外，导线及管子的型号、根数和规格应标注清楚。在实际工作中，电路图、布置图和接线图常要结合起来使用。

2. 根据勘察施工现场，了解所控制的电动机技术参数，制定计划表

工作计划表可以是表格的形式，也可以是流程图的形式或者文字的形式，描述你对现场勘查的信息记录，并制定相应的工作计划。

根据任务要求和施工图纸，列举所需工具和材料清单如下：

序号	名称	规格	数量	备注
1				
2				
3				
4				
5				

展示与评价

各个小组可以通过不同的形式展示本组学员对本学习活动的理解，以组为单位进行评价。其他组对展示小组的过程及结果进行相应的评价，评价内容为下面的"小组评价"内容；课余时间本人完成"自我评价"，教师完成"教师评价"内容。

（一）评价表

序号	项目	自我评价 10~8	自我评价 7~6	自我评价 5~1	小组评价 10~8	小组评价 7~6	小组评价 5~1	教师评价 10~8	教师评价 7~6	教师评价 5~1
1	学习兴趣									
2	遵守纪律									
3	计划可行性									
4	列出材料的数量									
5	列出材料的质量									
6	列出工具的数量									
7	列出材料的质量									
8	协作精神									
9	查阅资料的能力									
10	工作效率与工作质量									
	总评									

（二）教师点评（教师根据各组展示分别做有的放矢的评价）

1. 找出各组的优点并进行点评
2. 对各组的缺点进行点评，并给出改进方法
3. 总结整个任务完成中出现的亮点和不足

学习活动三：作出决策

学习目标

1. 明确小组分工。
2. 能够分析自动往返控制线路的优缺点，从而确定出最合适的电路。

学习地点

电力拖动实训室

学习课时

4 课时

学习过程

一、小组人员分工

引导问题 1：组长：_____

引导问题 2：组员分工

组员姓名	分　工

引导问题 3：请说明两种控制电路的优缺点。

控制电路名称	优点	缺点
位置控制线路		
自动往返控制线路		
最终方案		

小提示

在生产实际中，有些生产机械的工作台要求在一定行程内自动往返运动，以便实现对工件的连接加工，提高生产效率。这就需要电气控制线路能控制电动机实现自动换接正反转。

展示与评价

各个小组可以通过不同的形式展示本组学员对本学习活动的理解，以组为单位进行评价。其他组对展示小组的过程及结果进行相应的评价，评价内容为下面的"小组评价"内容；课余时间本人完成"自我评价"，教师完成"教师评价"内容。

(一) 评价表

序号	项目	自我评价			小组评价			教师评价		
		10~8	7~6	5~1	10~8	7~6	5~1	10~8	7~6	5~1
1	协作精神									
2	时间观念									
3	仪容、仪表符合活动要求									
4	工作效率、工作质量									
5	新知识的获取									
6	原理的分析									
7	电路优缺点的表述									
	总评									

(二) **教师点评**（教师根据各组展示分别做有的放矢的评价）
1. 找出各组的优点并进行点评
2. 对各组的缺点进行点评，并给出改进方法
3. 总结整个任务完成中出现的亮点和不足

学习活动四：实施计划

学习目标

1. 能按图纸、工艺要求、安全规范和设备要求，安装元器件并接线。
2. 能用仪表检查电路安装的正确性并通电试车，施工完毕能清理现场。

学习地点

电力拖动实训室

学习课时

14 课时

学习过程

一、配盘及试车

(领取原件→检查元件→固定元件→配盘→自检→师检→试车→排故)

按照最终计划开始领取元器件等材料配盘、检测、试车,如出现故障,排除故障再试车,最后清理现场,整理工具和元器件等。

工作记录表

流程	工作情况记录	整改措施
检查元件		
固定元件		
配盘		
自检		
师检		
试车		
排故		

小提示

1. 常见电器元件接线桩(柱)一般有三种

(1) 针孔式接线桩,见附图(含连接方法)。

(2) 螺丝平压式接线桩,见附图(含连接方法)。

(3) 瓦形接线桩,见附图(含连接方法)。

(4) 建议:特殊导线与接线桩的连接的方法及技巧,应在指导教师下做演示强化训练。

2. 接线桩(柱)接线要求(如图 3-2)

(1) 一个接线桩的接线不要超过 3 根,最好是 2 根。

(2) 接完线后露铜不能过长。

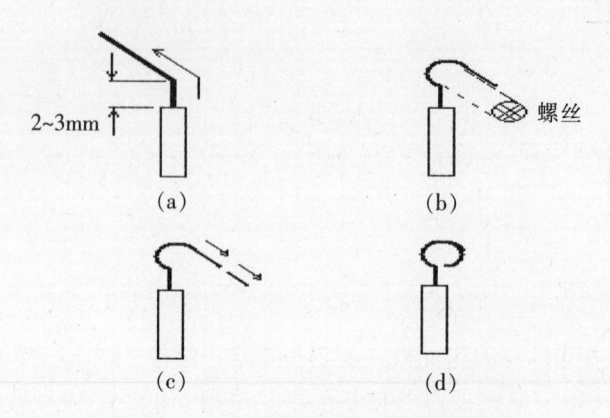

图 3-2 单股导线连接圈与螺栓接线法图

3. 常见故障

(1) 断路故障：线路中，产生断路的原因主要有线圈烧断、开关没有接通、线头松脱、接头腐蚀以及断线。

(2) 短路故障：表现形式为跳闸（空气开关、漏电保护器）或烧断熔丝（普通负荷开关）。

(3) 缺相故障：表现为电动机发出嗡嗡的声音、无力和热继电器保护动作。

实践证明，三相异步电动机的缺相运行是导致电动机过热烧毁的主要原因之一。对定子绕组接成星形的电动机，普通两级或三级结构的热继电器均能实现断相保护。而定子绕组接成三角形的电动机，必须采用三级带断相保护装置的热继电器，才能实现断相保护。（如图3-3）

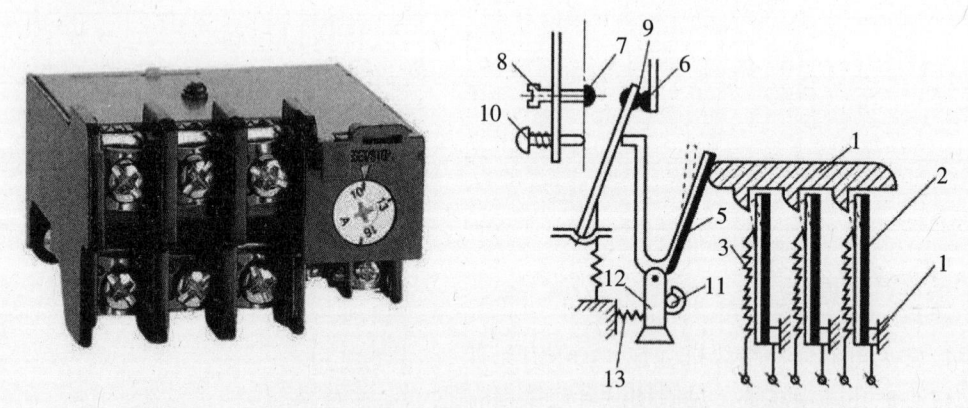

1—接线端子；2—主双金属片；3—热元件；4—导板触点；5—补偿双金属片；
6—常闭触头；7—常开触头；8—复位调节螺钉；9—动触头；10—复位按钮；
11—电流调节偏心轮；12—支撑件；13—弹簧

图 3-3 热继电器结构

小词典

所谓缺相，就是正常的三相电源中某一相断路，原有的三相设备会降低输出功率，使其不能正常工作或造成事故。因此，对于一些重要的设备需要加缺相保护装置。

线路电源缺相时，会产生负序电流分量，三相电流不均衡或过大会引起电动机迅速烧毁。为了保障电动机的安全运行，使其在发生缺相运行时能及时停止电动机的运行，避免造成电动机烧毁事故，一般的电动机都装有缺相保护装置。

展示与评价

各个小组可以通过不同的形式展示本组学员对本学习活动的理解，以组为单位进行评价。其他组对展示小组的过程及结果进相应的评价，评价内容为下面的"小组评价"内容；本人完成"自我评价"，教师完成"教师评价"内容。

（一）评价表

序号	项目	自我评价			小组评价			教师评价		
		10~8	7~6	5~1	10~8	7~6	5~1	10~8	7~6	5~1
1	学习兴趣									
2	装前检查									
3	元件布局									
4	配盘走线									
5	导线的损坏									
6	接线的正确性									
7	美观协调性									
8	试车的成功情况									
9	故障及排除情况									
10	协作精神									
11	查阅资料的能力									
	总评									

(二) **教师点评**（教师根据各组展示分别做有的放矢的评价）
1. 找出各组的优点并进行点评
2. 对各组的缺点进行点评，并给出改进方法
3. 鉴定指导试车
4. 对出现故障的小组进行排故指导
5. 总结整个任务完成中出现的亮点和不足

学习活动五：检查控制

学习目标

1. 能用仪表检查电路安装的正确性并通电试车。
2. 能定期对自动往返控制线路进行维护，填写维护记录。

学习地点

电力拖动实训室

学习课时

4 课时

学习过程

1. 小组内部对各实施层面进行自查。
2. 各组在教师指导之下对各实施层面进行互查、进行激励等。
3. 填写验收单。

合 格 验 收 单				
配电盘的名称：				
序号	主要验收项目名称	验收结果		验收日期
1	所用材料是否合格			
2	元件布局是否合理			
3	元件固定的是否牢固			
4	所布线路是否有电线裸露			
5	导线线径是否符合要求			
6	配盘走线是否美观			
7	试车是否成功			
8	场地是否整洁			
整 体 工 程 验 收 结 果				
全部验收合格后双方签字				
发包人（签字）		承包人（签字）		
日期		日期		

展示与评价

各个小组可以通过不同的形式展示本组学员对本学习活动的理解，以组为单位进行评价。其他组对展示小组的过程及结果进相应的评价，评价内容为下面的"小组评价"内容；本人完成"自我评价"，教师完成"教师评价"内容。

(一)评价表

项目	自我评价			小组评价			教师评价		
	10~8	7~6	5~1	10~8	7~6	5~1	10~8	7~6	5~1
所用材料是否合格									
元件布局是否合理									
元件固定的是否牢固									
所布线路是否有电线裸露									
导线线径是否符合要求									
配盘走线是否美观									
试车是否成功									
场地是否整洁									
导线绝缘的损坏									
美观协调性									
合 计									

(二)**教师点评**(教师根据各组展示分别做有的放矢的评价)

1. 找出各组的优点并进行点评
2. 对各组的缺点进行点评,并给出改进方法
3. 总结整个任务完成中出现的亮点和不足

学习活动六:评价反馈

学习目标

1. 真实评价学生的学习情况。
2. 培养学生的语言表达能力。
3. 培养学生的归纳总结能力、逻辑思维能力及评判能力。
4. 展示学生学习成果,树立学生学习信心。

学习任务三：自动往返控制线路的安装与检修

学习地点

一体化实训室

学习课时

4 课时

学习过程

引导问题 1：通过自动往返控制线路的安装与检修过程，你学到了什么？

引导问题 2：展示你最终完成的成果并说明它的优点。

引导问题 3：安装质量是否存在问题？是什么原因导致的？下次该如何避免？

展示与评价

各个小组可以通过各种形式，对整个任务完成情况的工作总结进行展示，以组为单位进行评价。其他组对展示小组的过程及结果进行相应的评价，评价内容为下面的"小组评价"内容；课余时间本人完成"自我评价"，教师完成"教师评价"内容。

（一）评价表

序号	项目	自我评价			小组评价			教师评价		
		10~8	7~6	5~1	10~8	7~6	5~1	10~8	7~6	5~1
1	学习兴趣									
2	任务明确程度									
3	现场勘察效果									
4	学习主动性									
5	承担工作表现									
6	协作精神									
7	时间观念									
8	质量成本意识									
9	安装工艺规范程度									
10	创新能力									
11	总评									

（二）教师点评（教师根据各组展示分别做有的放矢的评价）

1. 找出各组的优点并进行点评
2. 对各组的缺点进行点评，并给出改进方法
3. 总结整个任务完成中出现的亮点和不足
4. 组织学生撰写工作总结

学习任务四：减压启动电气控制线路的安装与检修

工作情景描述

学院供水系统需增设 2 台水泵，委托机电工程系设计并安装 2 台电动机控制线路，控制方式为 Y-Δ 减压启动控制。要求工作人员在 2 周时间内完成并交付验收。

学习目标

1. 能独立阅读"Y-Δ 减压启动"工作任务单，接受控制线路安装任务，明确任务要求。
2. 能到现场了解情况，制定总体工作计划，明确个人工作任务。
3. 能够根据安装图，合理设计电气原理图。
4. 准备工具和材料，核对元器件的型号与规格，检查其质量，确定安装位置。
5. 严格遵守作业规范进行测试检查，通电试车。填写调试记录并交付使用。
6. 能按照电业安全操作规程，使用必要的标识和隔离措施，准备现场工作环境。
7. 能按原理图、安装图、接线图要求施工。
8. 能使用仪表对 Y-Δ 减压启动线路进行自检和互检。
9. 作业完毕后能清点工具、人员，收集剩余材料，按照现场管理规范清理场地、归置物品。
10. 能正确填写工作任务单的相关项目，能做出工作总结和评价。

建议课时

60 课时

学习地点

教室、一体化实训室

学习准备

常用工具：电工工具一套、劳保用品
常用量具：钳形电流表、万用表、卷尺
设备：电气控制箱、多媒体设备
资料：任务单、原理图、电气元件布置图、接线图、电业安全操作规程、电工手册、电气安装施工规范等资料、教材

工作过程与学习活动

1. 学习活动一：明确工作任务
2. 学习活动二：新元器件的学习
3. 学习活动三：识读电路图
4. 学习活动四：勘察施工现场
5. 学习活动五：制定工作计划
6. 学习活动六：现场施工
7. 学习活动七：施工项目验收

学习活动一：明确工作任务

学习目标

1. 能阅读"Y-Δ减压启动安装"工作任务单。
2. 能明确工时、工艺要求。
3. 能明确工作任务要求。

建议课时

2课时

学习任务四：减压启动电气控制线路的安装与检修

学习地点

教室

学习过程

请阅读工作任务单，用自己的语言描述具体的工作内容。

安装工作联系单见附表1。

附表1　　　　　　　　　　安装工作联系单

流水号：2015-01-037

类别：水□　电□　暖□　土建□　其他□　　　　　　日期：　年　月　日

安装地点			
安装项目			
需求原因			
申报时间		完工时间	
申报单位		安装单位	
验收意见		安装单位电话	
验收人		承办人	

引导问题1：该项工作在什么地点、什么时间进行？

_____

引导问题2：该项工作需在什么时间内来完成？

_____

引导问题3：该项工作具体内容是什么？

_____

_____

引导问题4：该项工作完成后交给谁验收？

_____

_____

引导问题 5：为了今后工作、学习方便、高效，请与班里同学协商，合理分成学习小组（组长自选、小组名按号排列）。

分组名单

小组	组长	组员
1组		
2组		
3组		

评　价

各组同学根据对"安装工作联系单"的理解，完成"自我评价"内容。

（一）评价表

序号	项目	自我评价		
		10~8	7~6	5~1
1	出勤			
2	介绍工作内容表达清晰度			
3	遵守纪律			
4	语言表达能力			
5	学习兴趣			
6	协作精神			
7	时间观念			
8	仪容仪表符合活动要求			
9	安装工作单填写完整度			
10	工作效率与工作质量			
	总评			

（二）教师点评

1. 找出各组的优点并进行点评
2. 对各组的缺点进行点评，并给出改进方法
3. 总结整个任务完成中出现的亮点和不足

学习活动二：新元器件的学习

学习目标

1. 能叙述时间继电器的结构、工作原理。
2. 能掌握时间继电器的使用注意事项、接线方法。

学习地点

电力拖动实训室

建议课时

8 课时

学习过程

一、认识时间继电器

引导问题1：举例说明日常生活中有哪些家用电器是延时工作的？
_____
_____

引导问题2：请说出时间继电器的作用。
_____
_____

引导问题3：常用的时间继电器有哪几种？目前在电力拖动控制线路中应用较多的是哪几种？
_____
_____
_____

小提示

1. 时间继电器的定义

时间继电器是一种利用电磁原理或机械动作原理来实现触头延时闭合或分断的自动控制电器。

2. 时间继电器的分类

常用的主要有电磁式、电动式、空气阻尼式、晶体管式、数显式等类型。

引导问题 4：观察空气阻尼式时间继电器外形，说出其结构组成。（结合 JS7-A 型时间继电器实物）

_____

_____

_____

_____

小提示

JS7-A 系列空气阻尼式时间继电器结构，可参考《电力拖动控制线路与技能训练》课题六。

引导问题 5：试画出时间继电器的图形符号、文字符号。

小提示

时间继电器在电路图中的符号可参考《电力拖动控制线路与技能训练》课题六。

空气阻尼式时间继电器的特点是延时范围大（0.4~180s），结构简单，价格低，使用寿命长，但整定精度往往较差，只适用于一般场合。

引导问题6：将JS7-A型时间继电器的电磁机构手动吸合（旋转180度再吸合），分别观察现象并简单描述其工作原理。（结合JS7-A型时间继电器实物）

_____
_____
_____
_____
_____
_____
_____
_____
_____
_____
_____
_____
_____
_____

小提示

JS7-A系列空气阻尼式时间继电器工作原理，可参考《电力拖动控制线路与技能训练》课题六。

知识拓展

JS20 系列晶体管式时间继电器，可参考《电力拖动控制线路与技能训练》课题六。

展示与评价

各个小组可以通过不同的形式展示本组学员对本学习活动的理解，以小组为单位进行评价。其他组对展示小组的过程及结果进行相应的评价，课余时间本人完成"自我评价"，教师完成"教师评价"内容，评价内容见下表。

（一）评价表

序号	项目	自我评价			小组评价			教师评价		
		10~8	7~6	5~1	10~8	7~6	5~1	10~8	7~6	5~1
1	学习兴趣									
2	介绍时间继电器表达清晰度									
3	遵守纪律									
4	观察分析能力									
5	安装继电器过程规范程度									
6	协作精神									
7	时间观念									
8	仪容、仪表符合活动要求									
9	时间继电器安装正确性									
10	工作效率与工作质量									
	总评									

（二）**教师点评**（教师根据各组展示分别做有的放矢的评价）

1. 找出各组的优点并进行点评
2. 对各组的缺点进行点评，并给出改进方法
3. 总结整个任务完成中出现的亮点和不足

学习活动三：作出决策

学习目标

1. 能正确识读电路图。
2. 能叙述电动机降压启动的原因。

学习地点

教室

学习课时

10 课时

学习过程

一、结合工作任务，回答以下问题

引导问题 1：请同学们想一想，电动机启动时电流是额定电流的几倍？（电机类型）

_____

_____

_____

小提示

全压启动：启动时加在电动机定子绕组上的电压为电动机的额定电压，也叫直接启动。

特点：直接启动的优点是所用电气设备少，线路简单，维修量较小。但直接启动时的启动电流较大，一般为额定电流的 4~7 倍。在电源变压器容量不够大，而电动机功率较大的情况下，直接启动将导致电源变压器输出电压下降，不仅减小电动机本身的启动转矩，而且会影响同一供电线路中其他电气设备的正常工作。因此，较大容量的电动机启动时，需要采用减压启动。

81

引导问题 2：电动机启动时电流过大有哪些危害？

_____

_____

小提示

异步电动机启动电流过大对异步电动机和线路的影响：异步电动机直接启动，其启动电流可达额定电流的 4~7 倍，这样大的启动电流对电动机是有很大影响的。首先，使供电线路产生线路压下降，影响电源电压。特别是大功率电动机，电压下降更为明显。电动机的转矩与电压平方成正比，如果电压下降严重时，不仅该台电动机启动困难，而且将使线路上所带的其他电动机因电压过低而转矩过小，影响电动机的出力，甚至使电动机自行停了下来。另外，过大的启动电流将使电动机以及线路产生能量损耗。当然，电动机一经启动后，电流也就随之减小。但在一些特殊情况下，如频繁启动的电动机，因启动电流而引起的发热就需要考虑。特别是在一些启动较慢和启动过程较长的情况下，能量损耗较大，发热更为严重。

从以上分析可以看出，启动电流过大对电动机及线路都是不利的。为了限制启动电流，提高启动转矩，应根据具体情况采取相应的减压启动方法。

引导问题 3：请同学们想一想，怎样才能降低启动电流？

_____

_____

_____

引导问题 4：仔细回顾一下，前面学习的控制线路在启动时，加在电动机定子绕组上的电压是否等于电动机的额定电压？

_____

_____

引导问题 5：如何判断一台电动机能否直接启动？

_____

_____

_____

小提示

通常规定：电源容量在180KVA以上，电动机容量在7KW以下的三相异步电动机可采用直接启动。

判断一台电动机能否直接启动，还可以用下面的经验公式来确定：

$$\frac{I_{st}}{I_N} \leq \frac{3}{4} + \frac{S_N}{4P_N}$$ （是否加上电动机可以全压启动的规定）

式中 I_{st}—电动机全压启动电流（A）；

I_N—电动机额定电流（A）；

S_N—电源变压器容量（KV·A）；

P_N—电动机功率（KW）。

凡不满足直接启动条件的，均须采用减压启动。

引导问题6：请同学们想一想，如果不能采用电动机直接启动时，应采用何种方法启动？

_____

_____

_____

引导问题7：常见的减压启动方法有哪几种？

_____

_____

_____

小提示

减压启动是指利用启动设备将电压适当降低后，加到电动机的定子绕组上进行启动，待电动机启动运转后，再使其电压恢复到额定电压正常运转。

特点：由于电流随电压的降低而减小，所以减压启动达到了减小启动电流之目的。但是，由于电动机转矩与电压的平方成正比，所以减压启动也将导致电动机的启动转矩大为降低。因此，减压启动需要在空载或轻载下启动。

减压启动的方法：定子绕组串接电阻减压启动、自耦变压器减压启动、Y-△减压启动、延边三角形减压启动等。

二、识读电路图

引导问题8：如图4-1所示，尝试在下图中绘制出三相异步电动机Y、△两种接线方式。

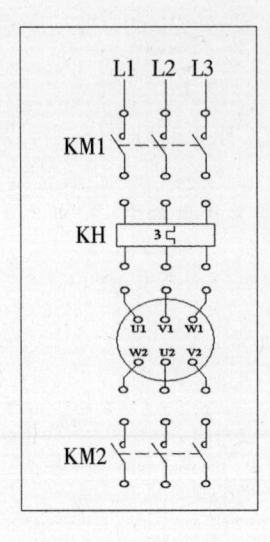

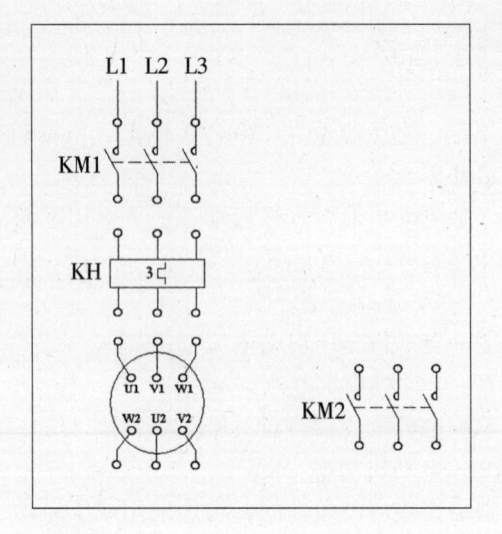

图 4-1

引导问题 9：绘制 Y-△ 减压启动主线路电路图。如图 4-2 所示。

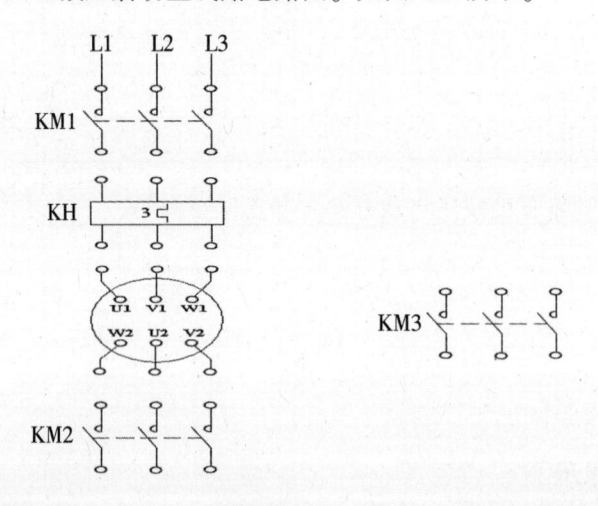

图 4-2

引导问题 10：请同学们想一想，KM2 和 KM3 两个接触器能同时得电工作吗？为什么？

_____

_____

_____

_____

_____

引导问题 11：尝试绘制 Y-△减压启动控制线路电路图。

引导问题 12：在教师指导下，填写 Y-△减压启动控制线路元器件明细表。

元器件明细表

符号	名称	作用	备注
QF			
FU1、FU2			
KH			
SB1、SB2			
KM			
KMY			
KM△			
KT			

引导问题 13：在教师指导下，分析 Y-△减压启动控制线路的工作原理，将工作原理补充完整。

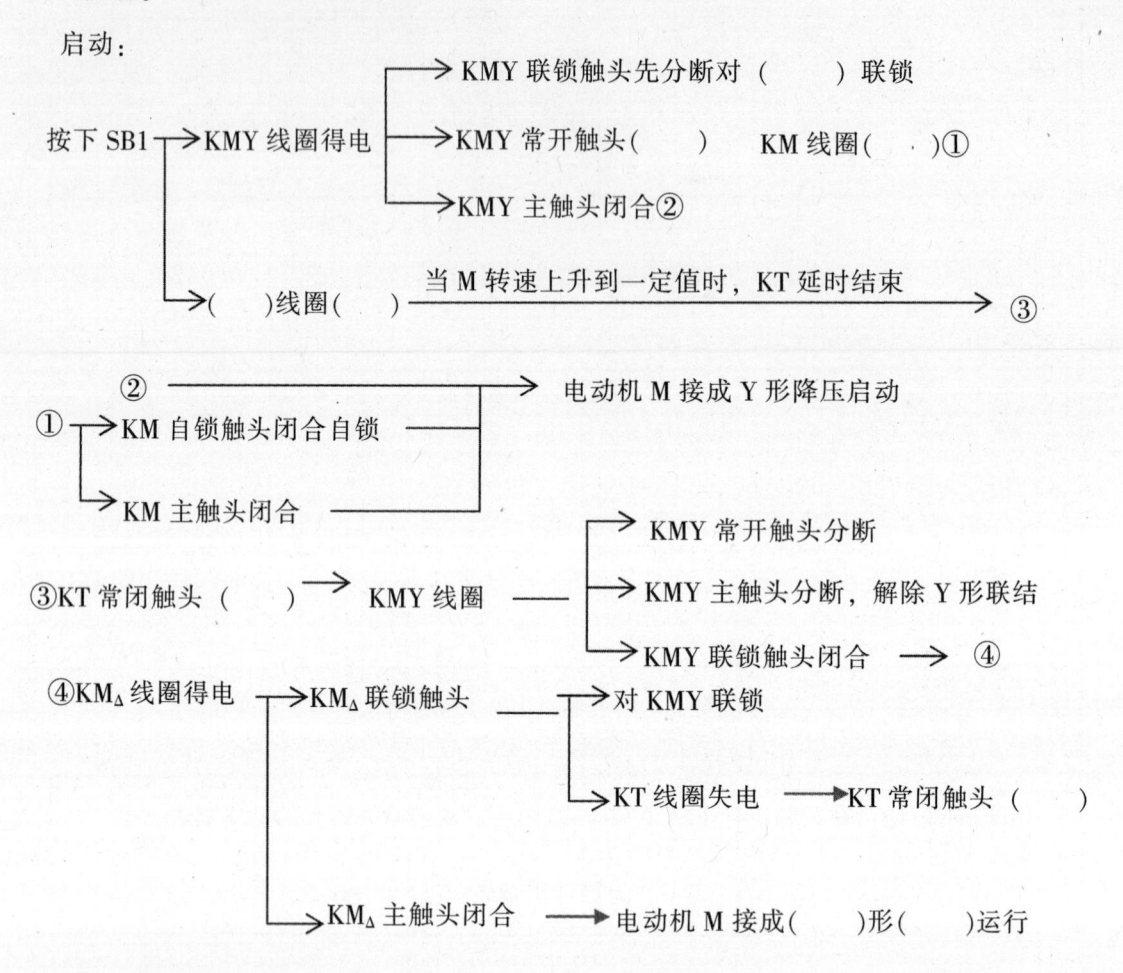

启动：

按下 SB1 → KMY 线圈得电
├→ KMY 联锁触头先分断对（　　）联锁
├→ KMY 常开触头（　　） KM 线圈（　　）①
├→ KMY 主触头闭合②
└→（　　）线圈（　　）——当 M 转速上升到一定值时，KT 延时结束——→③

①②→ KM 自锁触头闭合自锁 → 电动机 M 接成 Y 形降压启动
     → KM 主触头闭合

③ KT 常闭触头（　　）→ KMY 线圈
├→ KMY 常开触头分断
├→ KMY 主触头分断，解除 Y 形联结
└→ KMY 联锁触头闭合 → ④

④ KM△ 线圈得电 → KM△ 联锁触头 → 对 KMY 联锁
                              → KT 线圈失电 → KT 常闭触头（　　）
             → KM△ 主触头闭合 → 电动机 M 接成（　　）形（　　）运行

停止：按下停止按钮（　　），各线圈失电、各触头复位。

> **小提示**

Y-△减压启动控制线路工作原理

（1）手动控制 Y-△减压启动控制线路，可参考《电力拖动控制线路与技能训练》第二单元课题五。

（2）时间继电器自动控制 Y-△减压启动控制线路

时间继电器自动控制 Y-△减压启动控制线路如图 4-3 所示。该线路由三个接触器、一个热继电器、一个时间继电器和两个按钮组成。接触器 KM 作引入电源用，接触器 KMY 和 KM△ 分别作 Y 形减压启动用和△形运行用，时间继电器 KT 用作控制 Y 形减压启动时间和完成 Y-△自动切换，SB1 是启动按钮，SB2 是停止按钮，FU1 作主电路的短路保护，FU2 作控制电路的短路保护，KH 作过载保护。

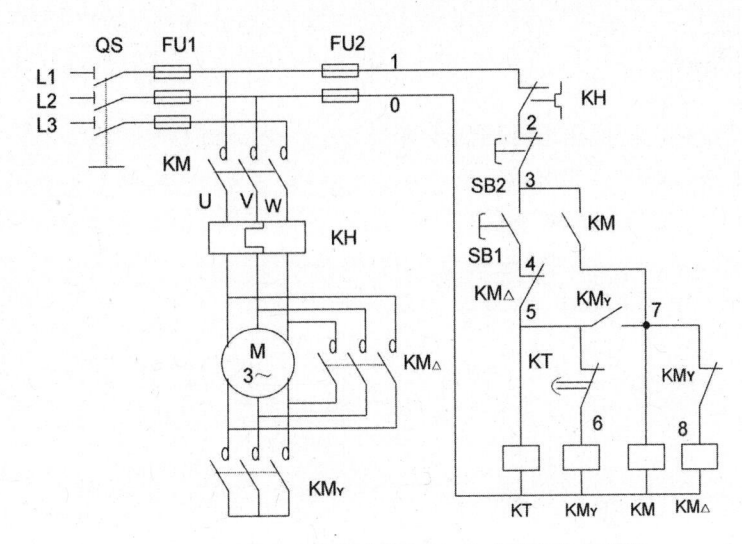

图 4-3 时间继电器自动控制 Y-△ 减压启动电路图

当接触器 KM 和接触器 KMY 同时得电工作时，电动机定子绕组接成星形，电动机工作状态为减压启动。当接触器 KM 和接触器 KM△ 同时得电工作时，电动机定子绕组接成三角形，电动机工作状态为全压启动。

注意：接触器 KMY 和接触器 KM△ 不能同时得电工作，否则将会造成严重的相间短路事故。

三相异步电动机星三角连接方法：

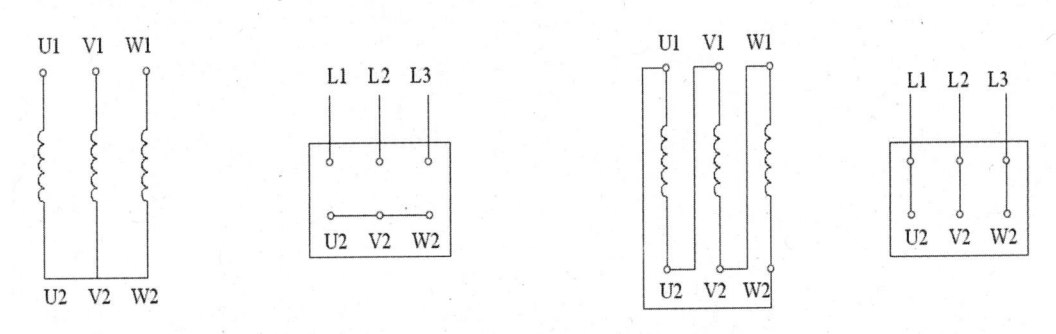

图 4-4 三相异步电动机星三角连接方法

线路的工作原理可参考辅助教材《电力拖动基本控制线路与技能训练》课题五。

该线路中，接触器 KMY 得电以后，通过 KMY 的辅助常开触头使接触器 KM 得电动作，这样 KMY 的主触头是在无负载的条件下进行闭合的，故可延长接触器 KMY 主触头的使用寿命。

时间继电器自动控制 Y-△ 减压启动线路的定型产品有 QX3、QX4 两个系列，称之为 Y-△ 自动启动器。

学习拓展

1. 定子绕组串接电阻减压启动控制线路

手动控制线路,如图4-5所示。

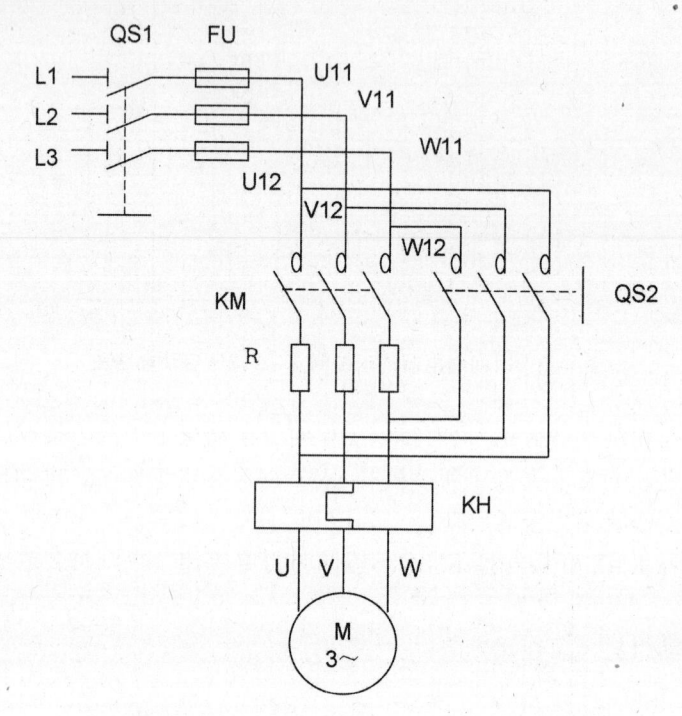

图4-5 (QS2的接点画法、电机PE线) 手动控制串联电阻减压启动电路图

线路的减压启动过程可参考辅助教材《电力拖动基本控制线路与技能训练》第二单元课题五。

2. 时间继电器自动控制线路

线路的工作原理可参考教材《电力拖动基本控制线路与技能训练》第二单元课题五。

串电阻减压启动的缺点是减小了电动机的启动转矩,同时启动时在电阻上功率消耗也较大。如果启动频繁,则电阻的温度很高,对于精密的机床会产生一定的影响,故目前这种减压启动的方法在生产实际中的应用正在逐步减少。

3. 手动自耦减压启动器

常用的手动自耦减压启动器有QJD3系列油浸式和QJ10系列空气式两种。

具体内容,可参考辅助教材《电力拖动基本控制线路与技能训练》第二单元课题五。

4. 延边△减压启动

具体内容可参考辅助教材《电力拖动基本控制线路与技能训练》第二单元课题五。

展示与评价

各小组可以通过不同的形式展示本组学员对本学习活动的理解,以组为单位进行评价。其他组对展示小组的过程及结果进行相应的评价,评价内容为下面的"小组评价"内容;课余时间本人完成"自我评价",教师完成"教师评价"内容。

(一) 评价表

序号	项目	自我评价			小组评价			教师评价		
		10~8	7~6	5~1	10~8	7~6	5~1	10~8	7~6	5~1
1	学习兴趣									
2	减压启动的复述									
3	遵守纪律									
4	线路的手绘									
5	准备充分、齐全									
6	协作精神									
7	时间观念									
8	仪容、仪表符合活动要求									
9	线路工作原理的复述									
10	工作效率									
	总评									

(二) 教师点评(教师根据各组展示分别做有的放矢的评价)

1. 找出各组的优点并进行点评
2. 对各组的缺点进行点评,并给出改进方法
3. 总结整个任务完成中出现的亮点和不足

学习活动四:勘查施工现场

学习目标

1. 根据勘查施工现场测量减压启动器控制板尺寸,设计电器元件布置图。
2. 绘制 Y-△减压启动线路接线图。

学习地点

一体化实训室

学习课时

8 课时

学习过程

一、结合工作任务,设计电器元件布置图

引导问题1:根据控制板实际情况,记录减压启动器控制板尺寸,并绘制减压启动器电器元件布置图。

小提示

例如图 4-6:

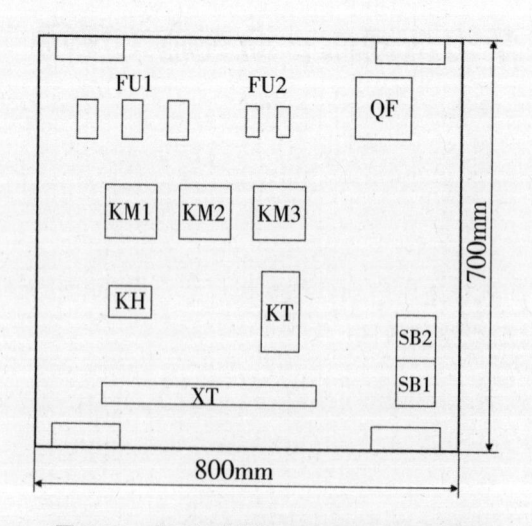

图 4-6 减压启动器控制板电器元件布置图

引导问题 2：如何合理选择减压启动器控制板上的电器元件？

二、整理现场、勘查资料绘制接线图

引导问题 3：绘制接线图的依据是什么？

引导问题 4：描述绘制接线图的方法。

小提示

1. 接线图是依据原理图以及电气设备和电器元件的实际位置和安装情况绘制的，用来表示电气设备和电器元件的位置、配线方式和接线方式。

2. 绘制接线图的方法是根据控制电路线号的编写，采用阿拉伯数字编号，标注方法按等电位原则进行，线号顺序一般由上而下和由左至右编号，每经过一个电器元件的接线桩，线号要依次递增。各个电器元件上凡需要接线的部件及接线桩都应绘出，且一定要标注端子线号。各端子线号必须与电气原理图上相应的线号一致。

引导问题 5：尝试绘制出减压启动器控制线路接线图。

小提示

1. 根据绘制接线图的方法可画出端子板是否应当在左侧预留电源线的三个接线柱、电机的六个端子是否应当连续使用六个接线柱、主回路和控制回路的端子板混着是否可以。
2. 勘察现场时要带好纸、笔和测量工具，必要时带上照相机。
3. 到达现场主要测量启动器控制板的实际尺寸，记录电动机的主要技术数据等。
4. 本活动学习内容可以参考学习工作站提供的辅助教材《机械与电气识图》第四章。

图 4-7　安装完成后示意图

展示与评价

各小组可以通过不同的形式展示本组学员对本学习活动的理解，以组为单位进行评价。其他组对展示小组的过程及结果进行相应的评价，评价内容为下面的"小组评价"

内容；课余时间本人完成"自我评价"，教师完成"教师评价"内容。

(一) 评价表

序号	项目	自我评价			小组评价			教师评价		
		10~8	7~6	5~1	10~8	7~6	5~1	10~8	7~6	5~1
1	学习兴趣									
2	现场勘察效果									
3	遵守纪律									
4	观察分析能力									
5	准备充分									
6	协作精神									
7	时间观念									
8	元器件布置图									
9	接线图									
10	工作效率与工作质量									
	总评									

(二) 教师点评（教师根据各组展示分别做有的放矢的评价）

1. 找出各组的优点并进行点评
2. 对各组的缺点进行点评，并给出改进方法
3. 总结整个任务完成中出现的亮点和不足

学习活动五：制定工作计划

学习目标

1. 勘察施工现场后，能根据施工图纸，制定工作计划。
2. 能根据任务要求和施工图纸，列举所需工具和材料清单。

学习地点

一体化实训室

电动机控制线路的安装与检修

学习课时

8 课时

学习过程

引导问题 1：请同学们想一想，安装需要的工具有哪些？

_____

_____

引导问题 2：请同学们想一想，安装需要的器材有哪些？

_____

_____

引导问题 3：安装的主要内容是什么？个人要做的工作有哪些？

_____

_____

_____

小提示

根据勘察施工现场，了解减压启动器所控制的电动机技术参数（如三相笼型异步电动机 Y132M-4 的技术参数：7.5KW、380V、15.4A、△形接法、1440r/min）以及减压启动器所需材料制定工作计划表。

工作计划表可以是表格的形式，也可以是流程图的形式或者文字的形式。描述你对现场勘查的信息记录，并制定相应的工作计划。

根据任务要求和施工图纸，列举所需工具和材料清单如下：

序号	名 称	规 格	数 量	备 注
1				
2				
3				
4				

引导问题 4：各小组对本组制定的方案进行展示和说明，通过互评讨论可实施性。

_____

_____

展示与评价

各小组可以通过不同的形式展示本组学员对本学习活动的理解，以组为单位进行评价。其他组对展示小组的过程及结果进相应的评价，评价内容为下面的"小组评价"内容；本人完成"自我评价"，教师完成"教师评价"内容。

（一）评价表

序号	项目	自我评价			小组评价			教师评价		
		10~8	7~6	5~1	10~8	7~6	5~1	10~8	7~6	5~1
1	学习兴趣									
2	遵守纪律									
3	计划可行性									
4	列出材料的数量									
5	列出材料的质量									
6	列出工具的数量									
7	列出材料的质量									
8	协作精神									
9	查阅资料的能力									
10	工作效率与工作质量									
	总评									

（二）**教师点评**（教师根据各组展示分别做有的放矢的评价）

1. 找出各组的优点并进行点评
2. 对各组的缺点进行点评，并给出改进方法
3. 总结整个任务完成中出现的亮点和不足

学习活动六：现场施工

学习目标

1. 能按照作业规程应用必要的标识和隔离措施，准备现场工作环境。
2. 能按施工图纸和安装规程要求，进行安装与检修。
3. 施工后，能按施工任务书进行检查。

学习地点

一体化实训室

学习课时

20 课时

学习过程

一、结合工作任务，安装减压启动控制元件及线路

引导问题 1：查阅相关"电业安全操作规程、电工手册、电气安装施工规范"等资料，列出哪些必要的安全隔离措施？

引导问题 2：施工前安全标识挂于何处，其内容是什么？

引导问题 3：根据布置图完成线路元件的安装，并记录安装过程中出现的问题。

小提示

1. 计划的制定需要考虑的问题

（1）小组讨论人员的分工问题。

（2）确定完成任务的工作过程中使用到的电工工具的使用方法和安全注意事项、规程、工艺要求。

（3）制定施工具体步骤。

2. 确定工作流程

通过计划比较、相互借鉴、组合、优化，讨论定出一个可行的完整计划，并按计划步骤填写下面的工作流程图。（方框不够可以另加、有多可以留空白）

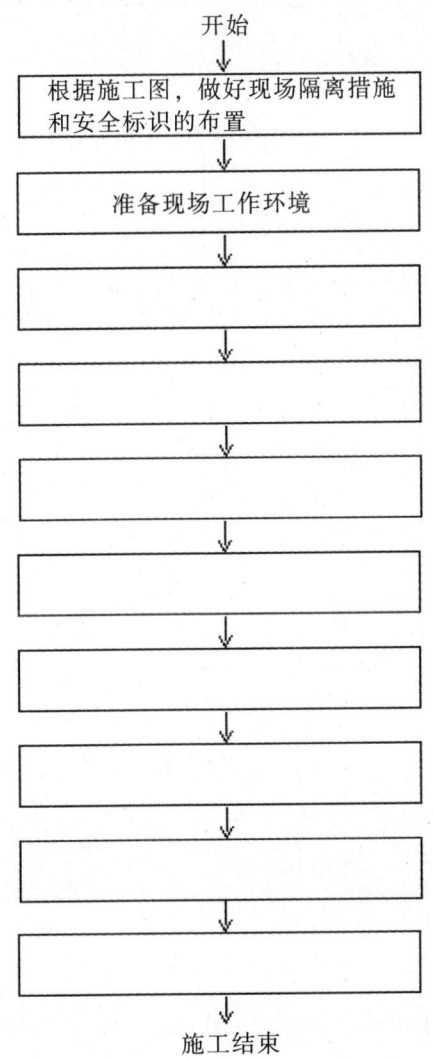

开始
↓
根据施工图，做好现场隔离措施和安全标识的布置
↓
准备现场工作环境
↓
□
↓
□
↓
□
↓
□
↓
□
↓
□
↓
施工结束

二、检测 Y-△减压启动控制线路

引导问题 4：针对已安装完成的电路，用仪表进行检测，并记录如下。

> **小提示**
>
> 利用电工工具和仪表对线路进行带电或断电测量，常用的方法有电压测量法和电阻测量法。具体内容参考《常用机床电气检修》课题一。

引导问题 5：通电试车后若电动机不能启动，分析故障原因并排除。

引导问题 6：通电试车后若电动机持续低速运转不能恢复到正常转速，分析故障原因并排除。

各组总结归纳几种常见故障现象与处理方法，填入下表：

故障现象	造成原因	处理方法

小提示

分析故障原因可从电源方面、器件方面和线路方面进行查找。
具体内容参考《电力拖动控制线路与技能训练》第四版课题五。

展示与评价

展示各组同学完成任务的过程和成果，在展示的过程中以组为单位进行评价。其他组对展示小组的成果进行相应的评价，评价内容为下面的"小组评价"内容；课余时间本人完成"自我评价"，教师完成"教师评价"内容。

（一）评价表

序号	项目	自我评价			小组评价			教师评价		
		10~8	7~6	5~1	10~8	7~6	5~1	10~8	7~6	5~1
1	学习兴趣									
2	规范、安全操作									
3	各器件的选择									
4	安全生产									
5	各器件安装的牢固性									
6	按电路图布线是否正确									
7	布线工艺									
8	整体检测									
9	通电试车									
10	排故能力									
	合计									

(二)教师点评(教师根据各组展示分别做有的放矢的评价)

1. 找出各组的优点并进行点评
2. 对各组的缺点进行点评,并给出改进方法
3. 总结整个任务完成中出现的亮点和不足

学习活动七:施工项目验收

学习目标

1. 施工后,能按施工任务书进行检查。
2. 按电工作业规程,作业完毕后能清点工具、人员,收集剩余材料,清理工程垃圾,拆除防护措施。
3. 能正确填写任务单的验收项目,并交付验收。

学习地点

一体化实训室

学习课时

2课时

学习过程

引导问题1:作业完毕后清点所用的工具有哪些?

_____

_____

_____

引导问题2:拆除防护措施的顺序是什么?

_____

_____

_____

引导问题 3：作业完毕后收集剩余材料，清理工程垃圾的具体工作有哪些？

_____

_____

_____

展示与评价

各小组可以通过不同的形式展示本组学员对本学习活动的理解，以组为单位进行评价。其他组对展示小组的过程及结果进相应的评价，评价内容为下面的"小组评价"内容；本人完成"自我评价"，教师完成"教师评价"内容。

（一）评价表

施工验收评价表

项目	自我评价			小组评价			教师评价		
	10~8	7~6	5~1	10~8	7~6	5~1	10~8	7~6	5~1
减压启动控制线路识读									
各器件的选择									
导线选择									
按布置图安装器件									
各器件安装的牢固性									
按电路图布线是否正确									
布线工艺									
整体检测									
通电试车									
美观协调性									
合计									

（二）**教师点评**（教师根据各组展示分别做有的放矢的评价）

1. 找出各组的优点并进行点评
2. 对各组的缺点进行点评，并给出改进方法
3. 总结整个任务完成中出现的亮点和不足

注意：本活动考核采用的是过程化考核方式作为学生项目结束的总评依据，请同学们认真对待，并妥善保管留档。

学习活动八：工作总结与评价

学习目标

1. 真实评价学生的学习情况。
2. 培养学生的语言表达能力。
3. 展示学生学习成果，树立学生学习信心。

学习地点

一体化实训室

学习课时

2课时

学习过程

引导问题1：通过 Y-△ 减压启动的安装，你学到了什么？

_____
_____
_____
_____

引导问题2：展示你最终完成的成果并说明它的优点。

_____
_____
_____
_____
_____

引导问题 3：安装质量存在问题吗？试分析导致的原因？

_____

_____

_____

_____

展示与评价

各个小组可以通过各种形式，对整个任务完成情况的工作总结进行展示，以组为单位进行评价。其他组对展示小组的过程及结果进行相应的评价，评价内容为下面的"小组评价"内容；课余时间本人完成"自我评价"，教师完成"教师评价"内容。

（一）评价表

序号	项目	自我评价			小组评价			教师评价		
		10~8	7~6	5~1	10~8	7~6	5~1	10~8	7~6	5~1
1	学习兴趣									
2	任务明确程度									
3	现场勘察效果									
4	学习主动性									
5	承担工作表现									
6	协作精神									
7	时间观念									
8	安装线路正确性									
9	安装工艺规范程度									
10	创新能力									
	总评									

（二）**教师点评**（教师根据各组展示分别做有的放矢的评价）

1. 找出各组的优点并进行点评
2. 对各组的缺点进行点评，并给出改进方法
3. 总结整个任务完成中出现的亮点和不足

学习任务五：CA6140型车床电气控制线路的安装与检修

工作情景描述

某机床厂需要对CA6140型车床电气控制线路进行安装、检修，维修电工班接此任务，要求在规定期限完成安装、检修，交有关人员验收。

操作者接到"CA6140型车床电气控制线路的安装与调试"任务后，根据施工图要求，准备工具和材料，做好工作现场准备，严格遵守作业规范进行施工，安装完毕后进行自检，填写相关表格并交付工程部验收。按照现场管理规范清理场地、归置物品。

学习目标

1. 能识读原理图，明确CA6140型车床电气控制线路动作过程及控制原理。
2. 能叙述CA6140型普通车床的运动方式和主要技术性能。
3. 能叙述CA6140型普通车床的主要结构和机械传动系统。
4. 能识读安装图、接线图，确定元器件、控制柜、电动机等安装位置，确保正确连接线路。
5. 能识别和选用元器件，核查其型号与规格是否符合图纸要求，并进行检查。
6. 能按图纸、工艺要求、安全规范和设备要求，安装元器件，按图接线实现控制线路的正确连接。
7. 能够认识电路图中各种开关、过载保护、短路保护、变压器、继电器、接触器的特点、图形符号和安装标准。
8. 能使用万用表、钳形电流表、兆欧表、测电笔等检测设备对电气线路进行自检和互检。
9. 能用仪表进行测试检查，验证电路安装的正确性，能按照安全操作规程正确通电试车。

学习课时

60 课时

学习地点

教室、机床检修实训室

学习准备

常用工具：电工工具一套、劳保用品
常用量具：万用表、兆欧表、电流表
专用工具：多媒体设备
材料：导线、熔断器、交流接触器、热继电器、中间继电器、控制变压器、位置开关、按钮、电阻器、转换开关、主轴电机、冷却电机、快速移动电机、照明灯、旋钮开关、信号灯
设备：CA6140 型车床
资料：工作任务记录单、安全操作规程

学习过程

1. 学习活动一：明确工作任务
2. 学习活动二：获取信息
3. 学习活动三：施工前的准备
4. 学习活动四：施工现场调研、制定安装方案
5. 学习活动五：现场维修
6. 学习活动六：通电试车交付验收
7. 学习活动七：工作总结与评价

学习活动一：明确工作任务

学习目标

1. 能阅读"CA6140 车床安装与检修"工作任务单，明确工时、工作任务等信息，并

105

能用语言进行复述。

2. 能进行人员分组。

学习地点

一体化教室

学习课时

2 课时

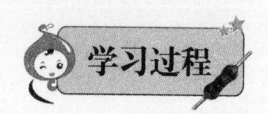

学习过程

一、请认真阅读工作情景描述，查阅相关资料，组织语言自行填写工作任务记录单

工作任务记录单

工作任务记录				
接单人及时间		预定完工时间		
派工				
安装原因				
安装情况				
安装起止时间		工时总计		
耗用材料名称	规格	数量	耗用材料名称	规格	数量
安装人员建议				
验收记录				
验收部门	维修开始时间		完工时间		
	验收结果			验收人：　日期：
	设备部门			验收人：　日期：

注：本单一式两份，一联报修部门存根，一联交动力设备室。

学习任务五：CA6140型车床电气控制线路的安装与检修

引导问题 1：工作任务记录单中安装原因部分由谁填写？

引导问题 2：请你列出本次安装任务所需的电器元件及耗材。

引导问题 3：工作任务记录单中验收记录部分由谁填写？

引导问题 4：用自己的语言填写完成此项任务所需要的安全防护措施，并进行展示。

引导问题 5：在填写完工作任务记录单后你是否有信心完成此工作，为完成此工作你认为还欠缺哪些知识和技能？

展示与评价

各个小组可以通过各种形式,对整个任务完成情况的工作总结进行展示,以组为单位进行评价。其他组对展示小组的过程及结果进行相应的评价,评价内容为下面的"小组评价"内容;课余时间本人完成"自我评价",教师完成"教师评价"内容。

(一)评价表

序号	项目	自我评价			小组评价			教师评价		
		10~8	7~6	5~1	10~8	7~6	5~1	10~8	7~6	5~1
1	小组活动参与度									
2	正确理解任务									
3	遵守纪律(出勤)									
4	回答问题									
5	学习准备充分									
6	协作精神									
7	时间观念									
8	仪容、仪表符合要求									
9	语言表达规范									
10	角色扮演表现									
	总评									

(二)教师点评(教师根据各组展示分别做有的放矢的评价)

1. 找出各组的优点并进行点评
2. 对各组的缺点进行点评,并给出改进方法
3. 总结整个任务完成中出现的亮点和不足

学习活动二:获取信息

学习目标

识读电路原理图、查阅相关资料,能正确分析电路的供电方式、各台电动机的作用、控制方式及控制电路特点,为检修工作做好准备。

学习地点

教室

学习课时

6 课时

学习过程

一、CA6140 车床外形图的认识

引导问题 1：描述 CA6140 车床型号的含义。

_____
_____
_____
_____

引导问题 2：描述 CA6140 车床的主要结构及运动形式。

_____
_____
_____
_____
_____

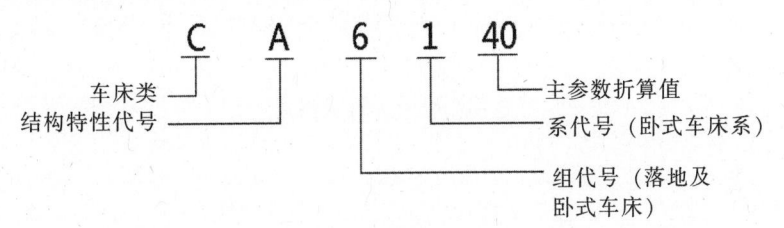

小提示

1. CA6140 车床型号的含义，如图 5-1 所示

```
    C    A    6   1  40
    │    │    │   │   │
  车床类  │    │   │   └─ 主参数折算值
      结构特性代号 │   └──── 系代号（卧式车床系）
                │
                └───────── 组代号（落地及卧式车床）
```

图 5-1　CA6140 车床型号的含义

2. CA6140车床的主要结构及运动形式，如图5-2所示

CA6140车床结构主要是由床身、主轴箱、进给箱、溜板箱、刀架、卡盘、尾架、丝杠和光杠等部分组成。它的主运动是主轴通过卡盘或顶尖带动工件的旋转运动。辅助运动是刀架的快速移动、尾架的纵向移动、工件的加紧与放松运动。进给运动是刀架带动刀具的直线运动。

3. 电气控制要求，如图5-3所示

主轴电机不进行电气调速，采用齿轮箱进行机械有级调速，主轴电机只作单向旋转，可采用直接启动的方式。刀架快速移动电动机不需要正反转和调速，采用直接启动方式。冷却泵电机和主轴电机要实现顺序控制，冷却泵电动机不需要正反转和调速。

二、识读CA6140车床示意图

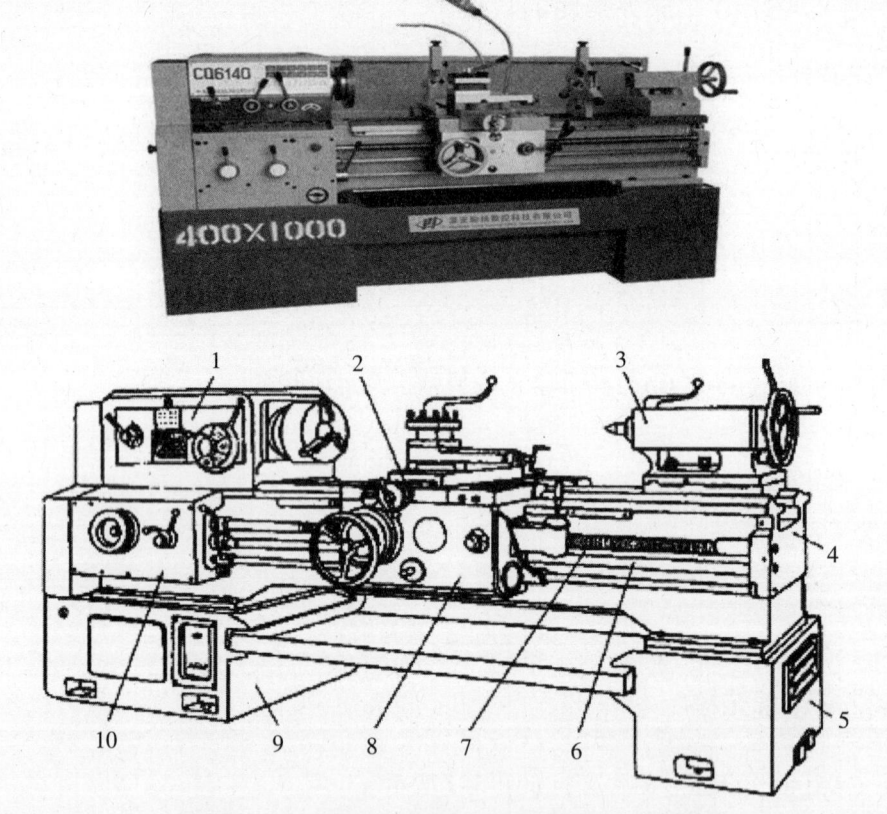

1—主轴箱；2—刀架；3—尾架；4—床身；5、9—床腿；
6—光杠；7—丝杠；8—溜板箱；10—进给箱

图5-2　CA6140车床外形及结构

图 5-3　CA6140 车床电路原理图

引导问题 3：尝试在 CA6140 车床示意图中找出各部分结构。

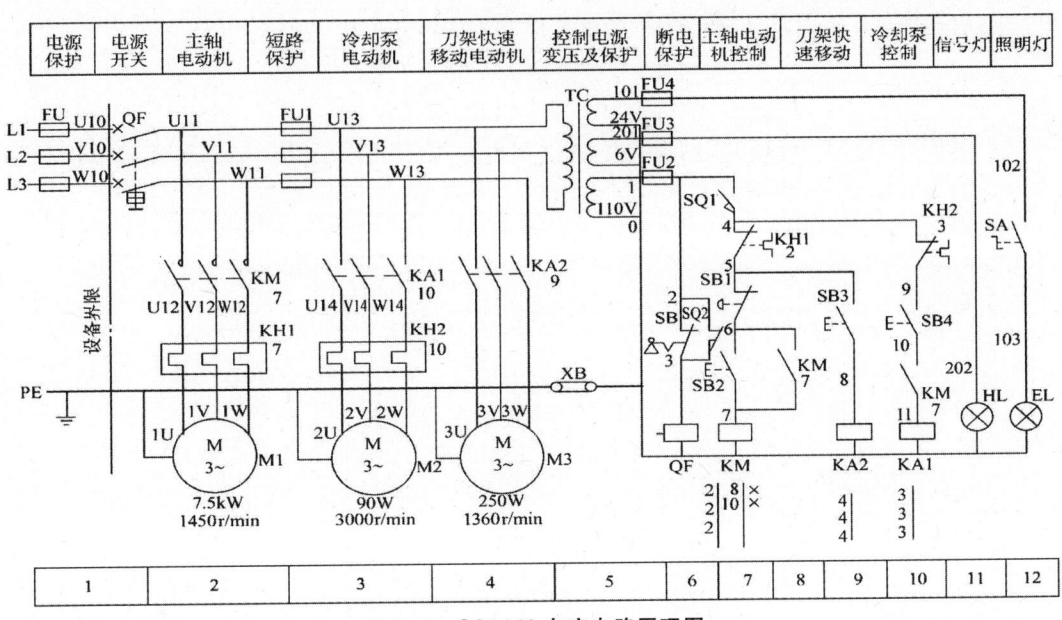

三、结合 CA6140 车床电气原理图回答以下问题

引导问题 4：主电路采用什么样的供电方式，其电压为多少？

引导问题 5：控制电路采用什么样的供电方式，其电压为多少？

引导问题 6：照明电路和指示电路各采用什么样的供电方式，其电压各为多少？

引导问题 7：主电路和辅助电路各供电电路中的控制器件是哪个？

_____

引导问题 8：主电路和辅助电路中各供电电路采用了什么保护措施？保护器件是哪个？

_____

引导问题 9：变压器的作用是什么？请你测量各绕组的阻值并记录。

_____

_____

引导问题 10：主电路有哪几台电动机？

_____

引导问题 11：主电路都使用了哪种电动机？

_____

引导问题 12：主拖动电动机、冷却泵电动机和快速移动电动机的作用分别是什么？

_____

_____

_____

引导问题 13：主拖动电动机、冷却泵电动机和快速移动电动机的电力拖动特点及控制要求分别是什么？

_____

_____

_____

_____

小提示

CA6140 车床电力拖动特点及控制要求

（1）主轴的转动及刀架的移动由主拖动电动机带动，主拖动电动机一般选用三相鼠笼式异步电动机，并采用机械变速。

（2）主拖动电动机采用直接启动，启动、停止采用按钮操作，停止采用机械制动。

（3）为车削螺纹，主轴要求正/反转。小型车床一般采用电动机正反转控制。CA6140型车床则靠摩擦离合器来实现，电动机只作单向旋转。

（4）车削加工时，需用切削液对刀具和工件进行冷却。为此，设有一台冷却泵电动机，拖动冷却泵输出冷却液。

（5）冷却泵电动机与主轴电动机有着联锁关系，即冷却泵电动机应在主轴电动机启动后才可选择启动与否；而当主轴电动机停止时，冷却泵电动机立即停止。

（6）为实现溜板箱的快速移动，由单独的快速移动电动机拖动，且采用点动控制。

引导问题14：电动机的控制电路由哪些器件组成，其控制电路工作原理是什么？

_____
_____
_____
_____

引导问题15：冷却泵电动机的控制电路由哪些器件组成，其控制电路工作原理是什么？

_____
_____
_____
_____

引导问题16：主拖动电动机与冷却泵电动机有什么关系？由哪些器件来实现？

_____
_____
_____
_____

引导问题17：快速移动电动机的控制电路由哪些器件组成，其控制电路工作原理是什么？

_____
_____
_____
_____

小提示

1. 主电路分析

M1：主轴电动机，由 KM1 控制单向运转。

M2：冷却泵电动机，由 KA1 控制运转。

M3：刀架快速移动电动机，由 KA2 控制单向运转。

2. 控制电路分析

控制电路电源由控制变压器 TC 次级提供：~110V。

（1）主轴电机 M1 控制

启动：SB2→KM1 得电（自锁）→M1 连续运转

停止：SB1→KM1 失电→M1 停止运转

（2）冷却泵 M3 控制

启动：主轴工作→KM1 得电→合上 QS2→KA1 得电→M2 连续运转→提供冷却液

停止：断开 QS2/主轴停止→KA1 失电→M2 停止运转

过载保护：FR1/FR2 动作→整机停止

（3）刀架快速移动控制

SB3→KA2 得电→M3 运转（点动控制）

引导问题 18：电路中采用了什么保护？由哪些器件实现？

_____

_____

_____

_____

_____

_____

_____

小提示

保护环节

（1）电路电源开关是带有开关锁 SA2 的断路器 QS。机床接通电源时需用钥匙开关操作，再合上 QS，增加了安全性。当需合上电源时，先用开关钥匙插入 SA2 开关锁中并右旋，使 QS 线圈断电，再扳动断路器 QS 将其合上，机床电源接通。若将开关锁 SA2 左旋，则触头 SA2 闭合，QS 线圈通电，断路器跳开，机床断电。

（2）打开机床控制配电盘壁龛门，自动切除机床电源的保护。在配电盘壁龛门上装有安全行程开关 SQ。当打开配电盘壁龛门时，安全开关的触头 SQ2 闭合，使断路器线圈通电而自动跳闸，断开电源，确保人身安全。

（3）机床床头皮带罩处设有安全开关 SQ1，当打开皮带罩时，安全开关触头 SQ1 断开，将接触器 KM1、KM2、KM3 线圈电路切断，电动机将全部停止旋转，确保了人身安全。

（4）为满足打开机床控制配电盘壁龛门进行带电检修的需要，可将 SQ2 安全开关传动杆拉出，使触头（03~13）断开，此时 QS 线圈断电，QS 开关仍可合上。带电检修完毕，关上壁龛门后，将 SQ2 开关传动杆复位，SQ2 保护作用照常起作用。

（5）电动机 M1、M2 由 FU 热继电器 FR1、FR2 实现电动机长期过载保护；断路器 QS 实现电路的过流、欠压保护；熔断器 FU、FU1 至 FU6 实现各部分电路的短路保护。此外，还设有 EL 机床照明灯和 HL 信号灯进行刻度照明。

展示与评价

各个小组可以通过不同的形式展示本组学员对本学习活动的理解，以小组为单位进行评价。其他组对展示小组的过程及结果进行相应的评价，评价内容为下面的"小组评价"内容；课余时间本人完成"自我评价"，教师完成"教师评价"内容。

（一）评价表

序号	项目	自我评价			小组评价			教师评价		
		10~8	7~6	5~1	10~8	7~6	5~1	10~8	7~6	5~1
1	学习兴趣									
2	介绍电路组成时表达清晰度									
3	遵守纪律									
4	观察分析能力									
5	分析电路图正确									
6	协作精神									
7	时间观念									
8	仪容、仪表符合活动要求									
9	电路原理表达清晰									
10	工作效率与工作质量									
	总评									

（二）教师点评（教师根据各组展示分别做有的放矢的评价）

1. 找出各组的优点并进行点评

2. 对各组的缺点进行点评，并给出改进方法
3. 总结整个任务完成中出现的亮点和不足

学习活动三：施工前的准备

学习目标

1. 能掌握安装方法、安装过程、调试思路、常用检修方法（支路检测法、电压法、电阻法）。
2. 能掌握仪表的使用方法和技巧。
3. 能明确安装与检修过程的安全注意事项。

学习地点

机床检修一体化实训室

学习课时

16课时

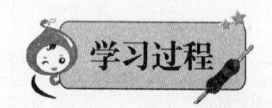

学习过程

一、查阅相关资料，回答下列问题，为检修做好准备

引导问题1：请你试着说出CA6140型车床安装时需要哪些资料，并进行小组讨论、归纳和总结。

_____

_____

引导问题2：请你试着说出CA6140型车床安装时需要哪些电器元件，并说出各元件的结构和作用。

_____

_____

引导问题 3：请你试着画出 CA6140 型车床的元件布置图和接线图。

元件布置图：

接线图：

一、元件布置图

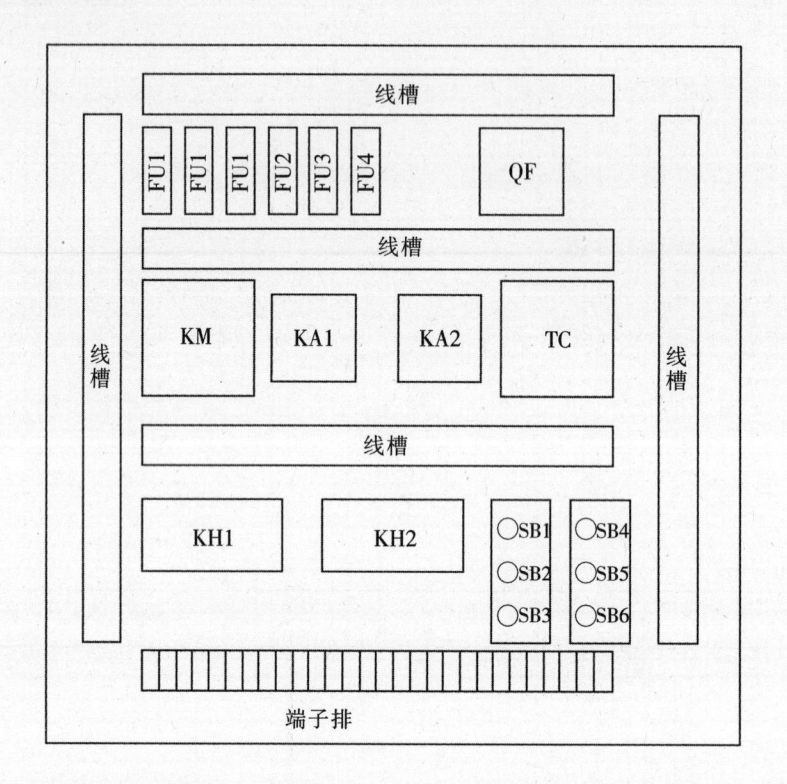

```
┌─────────────────────────────────────────┐
│         ┌──────线槽──────┐              │
│  ┌──┐┌──┐┌──┐┌──┐┌──┐┌──┐   ┌────┐    │
│  │FU1││FU1││FU1││FU2││FU3││FU4│  │ QF │    │
│  └──┘└──┘└──┘└──┘└──┘└──┘   └────┘    │
│         ┌──────线槽──────┐              │
│线 ┌────┐ ┌────┐ ┌────┐ ┌────┐ 线      │
│槽 │ KM │ │KA1 │ │KA2 │ │ TC │ 槽      │
│   └────┘ └────┘ └────┘ └────┘          │
│         ┌──────线槽──────┐              │
│   ┌──────┐  ┌──────┐  ○SB1  ○SB4      │
│   │ KH1  │  │ KH2  │  ○SB2  ○SB5      │
│   └──────┘  └──────┘  ○SB3  ○SB6      │
│         ┌──端子排──┐                    │
└─────────────────────────────────────────┘
```

二、电路接线图请参照《电力拖动控制线路与技能训练》中国劳动和社会保障出版社第四版第三单元课题二中 CA6140 型车床电气控制线路的内容

引导问题 4：你还记得如何使用试电笔吗？请简单地描述一下。

_____
_____
_____

引导问题 5：用万用表测量电压的方法和注意事项是什么？

_____
_____
_____
_____

> **小提示**

使用万用表测量电压时,要选择好量程,如果用小量程去测量大电压,则会有烧表的危险;如果用大量程去测量小电压,那么指针偏转太小,无法读数。量程的选择应尽量使指针偏转到满刻度的 2/3 左右。如果事先不清楚被测电压的大小时,应先选择最高量程挡,然后逐渐减小到合适的量程。

1. 交流电压的测量

将万用表的一个转换开关置于交、直流电压挡,另一个转换开关置于交流电压的合适量程上,万用表两表笔和被测电路或负载并联即可。

2. 直流电压的测量

将万用表的一个转换开关置于交、直流电压挡,另一个转换开关置于直流电压的合适量程上,且"+"表笔(红表笔)接到高电位处,"-"表笔(黑表笔)接到低电位处,即让电流从"+"表笔流入,从"-"表笔流出。若表笔接反,表头指针会反方向偏转,容易撞弯指针。

引导问题 6:你还记得兆欧表吧,那它的作用和使用方法是什么呢?

_____

_____

_____

_____

> **知识拓展**

兆欧表测量在高电压条件下工作的真正绝缘电阻值。兆欧表也叫绝缘电阻表,它是测量绝缘电阻最常用的仪表。它在测量绝缘电阻时本身就有高电压电源,用它测量绝缘电阻既方便又可靠。

1. 测试前的准备

测量前将被测设备切断电源,并短路接地放电 3~5 分钟,特别是电容量大的,更应充分放电以消除残余静电荷引起的误差,保证正确的测量结果以及人身和设备的安全;被测物表面应擦干净,绝缘物表面的污染、潮湿对绝缘的影响较大,而测量的目的是为了了解电气设备内部的绝缘性能,一般都要求测量前用干净的布或棉纱擦净被测物,否则达不到检查的目的。

兆欧表在使用前应平稳放置在远离大电流导体和有外磁场的地方;测量前对兆欧表本身进行检查。开路检查,两根线不要绞在一起,将发电机摇动到额定转速,指针应指在"∞"位置。短路检查,将表笔短接,缓慢转动发电机手柄,看指针是否到"0"位置。若零位或无穷大达不到,说明兆欧表有毛病,必须进行检修。

2. 接线

兆欧表的接线柱共有三个:一个为"L",即线端;一个"E",即为地端;再一个

"G"，即屏蔽端（也叫保护环）。一般被测绝缘电阻都接在"L""E"端之间，但当被测绝缘体表面漏电严重时，必须将被测物的屏蔽环或不需测量的部分与"G"端相连接。这样漏电流就经由屏蔽端"G"直接流回发电机的负端形成回路，而不再流过兆欧表的测量机构（动圈），这样就从根本上消除了表面漏电流的影响。特别应该注意的是测量电缆线芯和外表之间的绝缘电阻时，一定要接好屏蔽端钮"G"，因为当空气湿度大或电缆绝缘表面又不干净时，其表面的漏电流将很大，为防止被测物因漏电而对其内部绝缘测量所造成的影响，一般在电缆外表加一个金属屏蔽环，与兆欧表的"G"端相连。

当用兆欧表摇测电器设备的绝缘电阻时，一定要注意"L"和"E"端不能接反，正确的接法是："L"线端钮接被测设备导体，"E"地端钮接地的设备外壳，"G"屏蔽端接被测设备的绝缘部分。如果将"L"和"E"接反了，流过绝缘体内及表面的漏电流经外壳汇集到地，由地经"L"流进测量线圈，使"G"失去屏蔽作用而给测量带来很大误差。另外，因为"E"端内部引线同外壳的绝缘程度比"L"端与外壳的绝缘程度要低，当兆欧表放在地上使用时，采用正确接线方式时，"E"端对仪表外壳和外壳对地的绝缘电阻相当于短路，不会造成误差，而当"L"与"E"接反时，"E"对地的绝缘电阻同被测绝缘电阻并联，而使测量结果偏小，给测量带来较大误差。

3. 测量

将兆欧表平稳放置，摇动发电机使转速达到额定转速（120 转/分）并保持稳定。一般采用一分钟以后的读数为准，当被测物电容量较大时，应延长时间，以指针稳定不变时为准。

引导问题 7：请查阅资料，总结安装与检修过程的安全注意事项。

_____
_____
_____
_____

小提示

（1）在低压设备上的检修工作，必须事先汇报组长，经组长同意后才可进行工作。

（2）在低压配电盘、配电箱和电源干线上的工作，应填工作票；在低压电动机和照明回路上的工作，可用口头联系，以上两种工作至少应由两人进行。

（3）停电时，必须将相关电源都断开，并取下熔断器，在刀闸操作手柄上挂"禁止合闸，有人工作"警示牌。

（4）工作时，必须严格按照停电、验电、挂停电牌的安全技术步骤进行操作。

（5）现场工作开始前，应检查安全措施是否符合要求，运行设备及检修设备是否明确分开，严防误操作。

（6）检修时，拆下的各零件要集中摆放，拆卸无标记线时，必须将接线顺序及线号记好，避免出现接线错误。

(7) 检修完毕，经全面检查无误后，通电试运行，将结果汇报组长，并做好检修记录。

展示与评价

各个小组可以通过各种形式，对整个任务完成情况的工作总结进行展示，以组为单位进行评价。其他组对展示小组的过程及结果进行相应的评价，评价内容为下面的"小组评价"内容；课余时间本人完成"自我评价"，教师完成"教师评价"内容。

（一）评价表

项目	自我评价			小组评价			教师评价		
	10~8	7~6	5~1	10~8	7~6	5~1	10~8	7~6	5~1
小组活动参与度									
信息收集及简述情况									
时间观念									
出勤情况									
安装步骤掌握情况									
检修步骤掌握情况									
仪容仪表符合活动要求									
总评									

（二）教师点评（教师根据各组展示分别做有的放矢的评价）

1. 找出各组的优点并进行点评
2. 对各组的缺点进行点评，并给出改进方法
3. 总结整个任务完成中出现的亮点和不足

学习活动四：施工现场调研、制定安装方案

学习目标

1. 能进行现场调研（包括与操作人员沟通、查阅资料）。
2. 能根据现场调研情况，分析安装方案可行性，制订安装方案。

3. 能列出所需工具和材料清单。

学习地点

机床检修一体化实训室

建议课时

10 课时

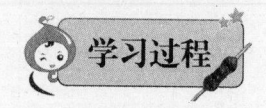

学习过程

通过前面的工作我们已经得知，CA6140 型车床电气控制线路进行安装时应该遵循"获取车床电气控制线路资料→制订方案→现场调研→确定安装方案"的操作步骤，那作为一名专业人员应该如何进行现场调研呢？请你想一想，回答下列问题。

引导问题 1：现场调研的主要工具有哪些？

_____

_____

引导问题 2：车床的安装注意事项有哪些？

_____

_____

引导问题 3：专业人员和车床使用人员沟通后，还应该进行哪些初步检查？

_____

_____

_____

引导问题 4：结合元件布置图和接线图，如果要进行该项工作，应该满足的前提和注意事项是什么？

_____

_____

_____

_____

引导问题 5：请你们小组进行讨论，制定详细的安装计划。

展示与评价

评价、展示各组同学配盘过程和成果，在展示的过程中以组为单位进行评价。其他组对展示小组的成果进行相应的评价，评价内容为下面的"小组评价"内容；课余时间本人完成"自我评价"，教师完成"教师评价"内容。

（一）评价表

序号	项目	自我评价			小组评价			教师评价		
		10~8	7~6	5~1	10~8	7~6	5~1	10~8	7~6	5~1
1	学习兴趣									
2	现场勘察效果									
3	遵守纪律									
4	观察分析能力									
5	准备充分									
6	协作精神									
7	时间观念									
8	元器件布置图									
9	接线图									
10	工作效率与工作质量									
	总评									

（二）**教师点评**（教师根据各组展示分别做有的放矢的评价）

1. 找出各组的优点并进行点评
2. 对各组的缺点进行点评，并给出改进方法
3. 总结整个任务完成中出现的亮点和不足

学习活动五：现场施工

学习目标

1. 能采取正确的施工措施，进行安全施工。
2. 能按照工艺要求对 CA6140 型车床电气线路合理的安装。
3. 能对 CA6140 型车床电气线路进行规范调试，达到验收要求。
4. 小组人员分工要合理，提高工作效率。

学习地点

机床检修一体化实训室

学习课时

18 课时

学习过程

一、结合已经完成的工作任务，回答以下问题

引导问题1：根据现场特点，应该采取哪些安全、文明作业措施？

_____

_____

_____

引导问题2：选择哪些标识牌？如何悬挂？

_____

_____

_____

_____

引导问题 3：按照工作计划，详细记录工作过程。

引导问题 4：在检修过程中会用到的工具和材料有哪些？

引导问题 5：如果自检后发现电路存在故障，请你简要叙述故障点的操作流程。

小提示

根据调查的情况，看有关电器外部有无损坏，连线有无断路、松动，绝缘有无烧焦，螺旋熔断器的熔断指示器是否跳出，电器有无进水、油垢，开关位置是否正确等。

通过初步检查，确认有会使故障进一步扩大和造成人身、设备事故后，可进一步试车检查，试车中要注重有无严重跳火、异常气味、异常声音等现象，一经发现应立即停车，切断电源。注重检查电器的温升及电器的动作程序是否符合电气设备原理图的要求，从而发现故障部位。

二、结合小组出现的故障，回答以下问题

引导问题 6：每次检修工作都需要填写检修记录，你知道检修记录对下次检修还有什么指导作用吗？在查阅检修记录时应特别关注哪些信息？

_____

_____

_____

_____

引导问题 7：根据故障现象分析故障大致范围，是检修工作中不可或缺的重要环节，那么你知道该如何分析吗？请你填写下述表格。

故障现象描述		故障范围	分析原因
按下 SB1，主轴电动机不启动	接触器 KM 吸合		
	接触器 KM 不吸合		

引导问题 8：考虑还有哪些故障，请你描述故障现象并分析故障范围，讨论、汇总后进行展示。（展示方式要求有文字和讲解）

_____

_____

_____

◆ 知识拓展

故障检修流程可参照《电力拖动控制线路与技能训练》（中国劳动和社会保障出版社）第四版第三单元课题二中 CA6140 型车床电气控制线路的内容。

引导问题 9：请简要叙述电气故障检修的一般步骤。

_____

_____

_____

_____

_____

引导问题 10：请简要叙述故障排除过程。

_____

_____

_____

_____

小提示

电气故障检修的一般步骤

1. 观察和调查故障现象：电气故障现象是多种多样的

例如，同一类故障可能有不同的故障现象，不同类故障可能有同种故障现象，这种故障现象的同一性和多样性，给查找故障带来复杂性。但是，故障现象是检修电气故障的基本依据，是电气故障检修的起点，因而要对故障现象进行仔细观察、分析，找出故障现象中最主要的、最典型的方面，搞清故障发生的时间、地点、环境等。

2. 分析故障原因——初步确定故障范围、缩小故障部位

根据故障现象分析故障原因是电气故障检修的关键。分析的基础是电工电子基本理论，是对电气设备的构造、原理、性能的充分理解，是电工电子基本理论与故障实际的结合。某一电气故障产生的原因可能很多，重要的是在众多原因中找出最主要的原因。

3. 查找故障点

查找故障点常用的方法有直观法、通电实验法、电压测量法、电阻测量法、短接法、试灯法和波形测试法等。

4. 排除故障

将已经确定的故障点，使用正确的方法予以排除。

5. 校验与试车

在故障排除后还要进行校验和试车。

在确定故障点以后，无论修复还是更换，对电气维修人员来讲，排除故障比查找故障要简单得多。在排除故障的过程中，应先动脑后动手，正确分析可起到事半功倍的效果。需注意的是，在找出有故障的组件后，应该进一步确定故障的根本原因。例如，当电路中的一只接触器烧坏，单纯地更换一个是不够的，重要的是要查出被烧坏的原因，并采取补救和预防的措施。在排除故障过程中还要注意线路做好标记以防错接。

6. 故障检修经常会用到"问、看、听、摸、闻"五字法

问——询问操作者前后电路的运行状况及故障发生后的症状，如设备是否有响声、冒烟、火花等。故障发生前有无切削力过大和频繁地启动、停止、制动等情况；有无经过保养检修或改线路等。

看——观察故障发生后是否有明显的外观征兆，如各种信号、有指示装置的熔断器的情况、保护元件脱扣动作、接线脱落、触头烧蚀或熔焊、线圈过热烧坏等。

127

听——在线路还能运行和不扩大故障范围、不损坏设备的前提下通电试车,细听电动机、接触器和继电器等元件的声音是否正常。

摸——在刚切断电源后,尽快触摸检查电动机、电压器、电磁线圈及熔断器等,检查是否有过热现象。

闻——在确保安全的前提下,闻一闻电动机、接触器和继电器等的线圈绝缘以及导线的橡胶塑料层是否有烧焦的气味。

引导问题 11:让我们来比一比哪个小组工作完成得最好。请各小组排除教师预设的故障,并进行简要总结。

小提示

CA6140 车床电气线路常见故障分析

1. 故障现象:主轴电动机 M1 不能起动

原因分析:①控制电路没有电压。②控制线路中的熔断器 FU5 熔断。③接触器 KM1 未吸合,按启动按钮 SB2,接触器 KM1 若不动作,故障必定在控制电路,如按钮 SB1、SB2 的触头接触不良,接触器线圈断线,就会导致 KM1 不能通电动作。当按 SB2 后,若接触器吸合,但主轴电动机不能起动,故障原因必定在主线路中,可依次检查接触器 KM1 主触点及三相电动机的接线端子等是否接触良好。

2. 故障现象:主轴电动机不能停转

原因分析:这类故障多数是由于接触器 KM1 的铁芯面上的油污使铁芯不能释放或 KM1 的主触点发生熔焊,或停止按钮 SB1 的常闭触点短路所造成的。应切断电源,清洁铁芯表面的污垢或更换触点,即可排除故障。

3. 故障现象:主轴电动机的运转不能自锁

原因分析:当按下按钮 SB2 时,电动机能运转,但放松按钮后电动机即停转,是由于接触器 KM1 的辅助常开触头接触不良或位置偏移、卡阻现象引起的故障。这时只要将接触器 KM1 的辅助常开触点进行修整或更换即可排除故障。辅助常开触点的连接导线松脱或断裂也会使电动机不能自锁。

4. 故障现象:刀架快速移动电动机不能运转

原因分析:按点动按钮 SB3,接触器 KM3 未吸合,故障必然在控制线路中,这时可检查点动按钮 SB3,接触器 KM3 的线圈是否断路。

学习任务五：CA6140型车床电气控制线路的安装与检修

展示与评价

各个小组可以通过各种形式，对整个任务完成情况的工作总结进行展示，以组为单位进行评价。其他组对展示小组的过程及结果进行相应的评价，评价内容为下面的"小组评价"内容；课余时间本人完成"自我评价"，教师完成"教师评价"内容。

（一）评价表

序号	项目	自我评价			小组评价			教师评价		
		10~8	7~6	5~1	10~8	7~6	5~1	10~8	7~6	5~1
1	学习兴趣									
2	规范、安全操作									
3	各器件的选择									
4	导线的选择									
5	各器件安装的牢固性									
6	按电路图布线是否正确									
7	布线工艺									
8	整体检测									
9	通电试车									
10	排故能力									
	合计									

（二）教师点评（教师根据各组展示分别做有的放矢的评价）

1. 找出各组的优点并进行点评
2. 对各组的缺点进行点评，并给出改进方法
3. 总结整个任务完成中出现的亮点和不足

学习活动六：通电试车、交付验收

学习目标

1. 能对 CA6140 型车床电气控制线路实施自检，达到 CA6140 型车床电气控制要求。
2. 能按照工艺要求进行通电试车。
3. 能正确填写维修记录。

学习地点

机床检修一体化实训室

学习课时

4 课时

学习过程

结合已经完成的工作任务，回答以下问题：

引导问题 1：维修完毕后，自检的内容有哪些？

引导问题 2：如何使用万用表进行自检，请叙述自检过程。

引导问题 3：如果自检有问题，如何对线路进行检修？

小提示

电气设备维修的原则：

1. 先动口再动手

对于有故障的电气设备，不应急于动手，应先询问产生故障的前后经过及故障现象。对于生疏的设备，还应先熟悉电路原理和结构特点，遵守相应规则。拆卸前要充分熟悉每个电气部件的功能、位置、连接方式以及与四周其他器件的关系，在没有组装图的情况下，应一边拆卸，一边画草图，并记上标记。

2. 先外部后内部

应先检查设备有无明显裂痕、缺损，了解其维修史、使用年限等，然后再对机内进行检查。拆前应排除周边的故障因素，确定为机内故障后才能拆卸，否则，盲目拆卸可能将设备越修越坏。

3. 先机械后电气

只有在确定机械零件无故障后，再进行电气方面的检查。检查电路故障时，应利用检测仪器寻找故障部位，确认无接触不良故障后，再有针对性地查看线路与机械的运作关系，以免误判。

4. 先静态后动态

在设备未通电时，判定电气设备按钮、接触器、热继电器以及保险丝的好坏，从而判定故障的所在。通电试验，听其声、测参数、判定故障，最后进行维修。如在电动机缺相时，若测量三相电压值无法判别时，就应该听其声，单独测量每相对地电压，方可判定哪一相缺损。

5. 先清洁后维修

对污染较重的电气设备，先对其按钮、接线点、接触点进行清洁，检查外部控制键是否失灵。许多故障都是由脏污及导电尘块引起的，一经清洁，故障往往会排除。

6. 先电源后设备

电源部分的故障率在整个故障设备中占的比例很高，所以先检修电源往往可以事半功倍。

7. 先普遍后非凡

因装配配件质量或其他设备故障而引起的故障，一般占常见故障的50%左右。电气设备的非凡故障多为软故障，要依靠经验和仪表来测量和维修。

8. 先外围后内部

先不要急于更换损坏的电气部件，在确认外围设备电路正常时，再考虑更换损坏的电气部件。

引导问题4：通电试车是检修完成后的最后一道自检程序，你还记得车床的操作方法吗？

小提示

CA6140 车床通电试车操作步骤：

1. 合上电源开关 QS1
2. 按 SB2→主轴电机 M1 运转
3. 合上 QS2→冷却泵 M2 运转

断开 QS2→冷却泵 M2 停止。

按 SB1→主轴电机 M1、冷却泵电机 M2 停止。

4. 按 SB3→刀架快速移动电机 M2 运转（点动）

引导问题 5：通电试车应满足哪些前提？操作时应注意哪些问题？

_____
_____
_____
_____

引导问题 6：你的调试工作完成了吗？还需要做哪些事？具体工作是什么？

_____
_____
_____
_____
_____
_____

小提示

1. 你的防护措施拆除了吗？现场清理了吗？你们小组的报修验收单填全了吗？你知道该怎么做了吧。

2. 工作任务记录单既是安装与检修工作完成的凭证，也是以后进行维修的资料，现在你知道该怎么做了吧。

展示与评价

各个小组可以通过各种形式，对整个任务完成情况的工作总结进行展示，以组为单位进行评价。其他组对展示小组的过程及结果进行相应的评价，评价内容为下面的"小组评价"内容；课余时间本人完成"自我评价"，教师完成"教师评价"内容。

(一) 评价表

项目	自我评价			小组评价			教师评价		
	10~8	7~6	5~1	10~8	7~6	5~1	10~8	7~6	5~1
电路原理图识读									
各器件的选择									
导线选择									
按布置图安装器件									
各器件安装的牢固性									
按电路图布线是否正确									
布线工艺									
整体检测									
通电试车									
美观协调性									
合计									

(二) **教师点评**（教师根据各组展示分别做有的放矢的评价）

1. 找出各组的优点并进行点评
2. 对各组的缺点进行点评，并给出改进方法
3. 总结整个任务完成中出现的亮点和不足

学习活动七：工作总结与评价

学习目标

1. 归纳总结自己的获得（包括技能和知识）。
2. 展示工作成果。
3. 自评、互评、教师评价。

学习地点

一体化教室

学习课时

4 课时

学习过程

结合已经完成的工作任务，回答以下问题：

引导问题 1：请你简要叙述在 CA6140 型车床电气控制线路检修工作中学到了什么知识？

引导问题 2：请回顾你的操作过程，并简要叙述在 CA6140 型车床电气控制线路检修工作中掌握了哪些技能？

引导问题 3：在检修工作过程中还要考虑哪些非专业因素，为什么？

引导问题 4：讨论总结小组在检修工作过程中还存在哪些不足，如何进行改进？

引导问题 5：小组交流课程学习回顾，研讨你的小组如何展示你们的学习成果，并记录下来。

学习任务五：CA6140型车床电气控制线路的安装与检修

学习过程经典经验记录表

序号	学习过程描述	经典经验

展示与评价

各个小组可以通过各种形式，对整个任务完成情况的工作总结进行展示，以组为单位进行评价。其他组对展示小组的过程及结果进行相应的评价，评价内容为下面的"小组评价"内容；课余时间本人完成"自我评价"，教师完成"教师评价"内容。

项目一体化学习总评价表

项目	自我评价			小组评价			教师评价		
	10~8	7~6	5~1	10~8	7~6	5~1	10~8	7~6	5~1
出勤时间观念									
工作页完成情况									
明确任务情况									
电路原理分析情况									
施工前准备情况									
方案可实施性									
检修方法									
通电试车									
评价是否合理									
综合评价									
教师总评							总成绩		

注：本活动考核采用的是过程化考核方式作为学生项目结束的总评依据，请同学们认真对待妥善保管留档。

学习任务六：M7130（M7120）平面磨床电气控制线路的安装与调试

工作情景描述

我院机电工程系有 2 台 M7130（M7120）型平面磨床因线路严重老化，需要对其电气线路改造。后勤处对电气自动化二班下达了工作任务，要求在一周内完成磨床电气控制线路的安装及调试工作。

学习目标

1. 能识读原理图，明确 M7130（M7120）平面磨床动作过程及控制原理。
2. 能识读安装图、接线图，明确安装要求，确定元器件、控制柜、电动机等安装位置，确保正确连接线路。
3. 能识别和选用元器件，核查其型号与规格是否符合图纸要求，并进行检查。
4. 能按图纸、工艺要求、安全规范和设备要求，安装元器件，按图接线，实现控制线路的正确连接。
5. 能用仪表进行测试检查，验证电路安装的正确性，能按照安全操作规程正确通电试车。

建议课时

60 课时

学习地点

机床检修实训室

学习任务六：M7130（M7120）平面磨床电气控制线路的安装与调试

学习准备

常用工具：电工工具一套、劳保用品
常用量具：万用表、兆欧表、电流表
设备：M7130（M7120）平面磨床、多媒体设备
资料：任务单、机床图纸、电气元件布置图、接线图、电业安全操作规程、电工手册、电气安装施工规范、相关教材等资料

工作过程与学习活动

1. 学习活动一：明确工作任务
2. 学习活动二：获取信息
3. 学习活动三：识读电路图
4. 学习活动四：勘察施工现场
5. 学习活动五：制定工作计划
6. 学习活动六：现场施工
7. 学习活动七：施工项目验收

学习活动一：明确工作任务

学习目标

1. 能阅读"M7130（M7120）平面磨床电气控制线路安装与调试"工作任务单。
2. 能明确工时、工艺要求。
3. 能明确个人任务要求。

建议课时

2课时

学习地点

教室

电动机控制线路的安装与检修

学习过程

请认真阅读工作情景描述，查阅相关资料，组织语言自行填写工作任务记录单（教师可分组描述不同的故障现象）

工作任务记录单

设备安装记录						
接单人及时间				预定完工时间		
派工						
安装原因						
安装情况						
安装起止时间				工时总计		
耗用材料名称	规格	数量	耗用材料名称	规格		数量
安装人员建议						
验收记录						
验收部门	维修开始时间			完工时间		
	验收结果				验收人：	日期：
	设备部门				验收人：	日期：

注：本单一式两份，一联报修部门存根，一联交实训室。

引导问题 1：工作任务记录单中安装原因部分由谁填写？

_____

_____

_____

学习任务六：M7130（M7120）平面磨床电气控制线路的安装与调试

引导问题2：请你列出本次安装任务所需的电器元件及耗材。

_____

_____

_____

_____

引导问题3：工作任务记录单中验收记录部分由谁填写。

_____

_____

_____

展示与评价

各个小组可以通过各种形式，对整个任务完成情况的工作总结进行展示，以组为单位进行评价。其他组对展示小组的过程及结果进行相应的评价，评价内容为下面的"小组评价"内容；课余时间本人完成"自我评价"，教师完成"教师评价"内容。

（一）评价表

序号	项目	自我评价			小组评价			教师评价		
		10~8	7~6	5~1	10~8	7~6	5~1	10~8	7~6	5~1
1	小组活动参与度									
2	正确理解任务									
3	遵守纪律（出勤）									
4	回答问题									
5	学习准备充分、齐全									
6	协作精神									
7	时间观念									
8	仪容、仪表符合活动要求									
9	语言表达规范									
10	角色扮演表现									
	总评									

(二) 教师点评（教师根据各组展示分别做有的放矢的评价）
1. 找出各组的优点并进行点评
2. 对各组的缺点进行点评，并给出改进方法
3. 总结整个任务完成中出现的亮点和不足

学习活动二：获取信息

学习目标

1. 能正确说出欠电流继电器、整流桥、电磁吸盘三种电器元件的各部分结构及工作原理。
2. 能正确使用欠电流继电器、整流桥及电磁吸盘。
3. 能正确画出欠电流继电器、整流桥及电磁吸盘三种元件的符号。

学习地点

教室

建议课时

10 课时

学习过程

根据工作计划，学习新的电气元件，回答以下问题：
引导问题1：欠电流继电器、整流桥及电磁吸盘的图形符号是怎样的？
_____
_____

引导问题2：说出欠电流继电器、整流桥及电磁吸盘的作用。
_____
_____
_____

引导问题 3：简要叙述欠电流继电器和整流桥的工作原理。

_____

_____

_____

> **小提示**

一、欠电流继电器、整流桥及电磁吸盘的图形符号

欠电流继电器、整流桥和电磁吸盘的图形符号如图 6-1、6-2、6-3 所示：

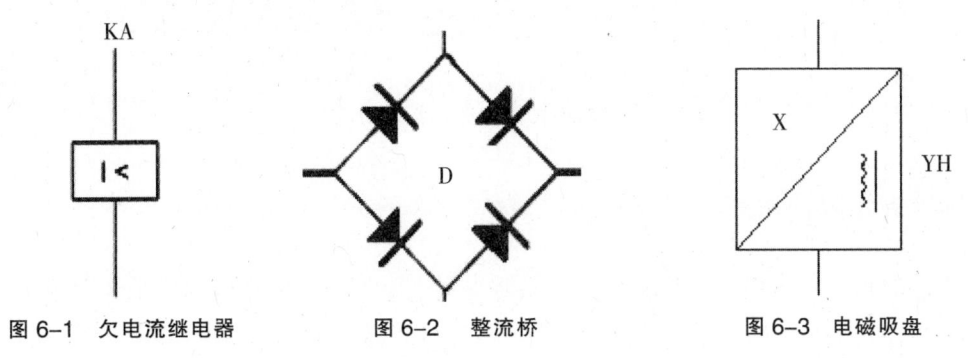

图 6-1　欠电流继电器　　　图 6-2　整流桥　　　图 6-3　电磁吸盘

二、欠电流继电器的工作原理

对于欠电流继电器，当线圈电流达到或大于动作电流值时，衔铁吸合动作。当线圈电流低于动作电流值时衔铁立即释放，所以称为欠电流继电器。正常工作时，由于负载电流大于线圈动作电流，衔铁处于吸合状态。当电路的负载电流降至线圈释放电流值以下时，衔铁释放。欠电流继电器在电路中起欠电流保护作用。

三、整流桥的作用及原理

单相整流桥的作用就是将交流电变成直流电，工作原理就是利用二极管的加正向电压二极管导通，加反向电压二极管截止的特性。

单相桥式整流器电路的工作原理，如图 6-4 所示。

电路中采用四个二极管，互相接成桥式结构。利用二极管的电流导向作用，在交流输入电压 U_2 的正半周内，二极管 VD1、VD3 导通，VD2、VD4 截止，在负载 RL 上得到上正下负的输出电压；在负半周内，正好相反，VD1、VD3 截止，VD2、VD4 导通，流过负载 RL 的电流方向与正半周一致。因此，利用变压器的一个副边绕组和四个二极管，使得在交流电源的正、负半周内，整流电路的负载上都有方向不变的脉动直流电压和电流。

电动机控制线路的安装与检修

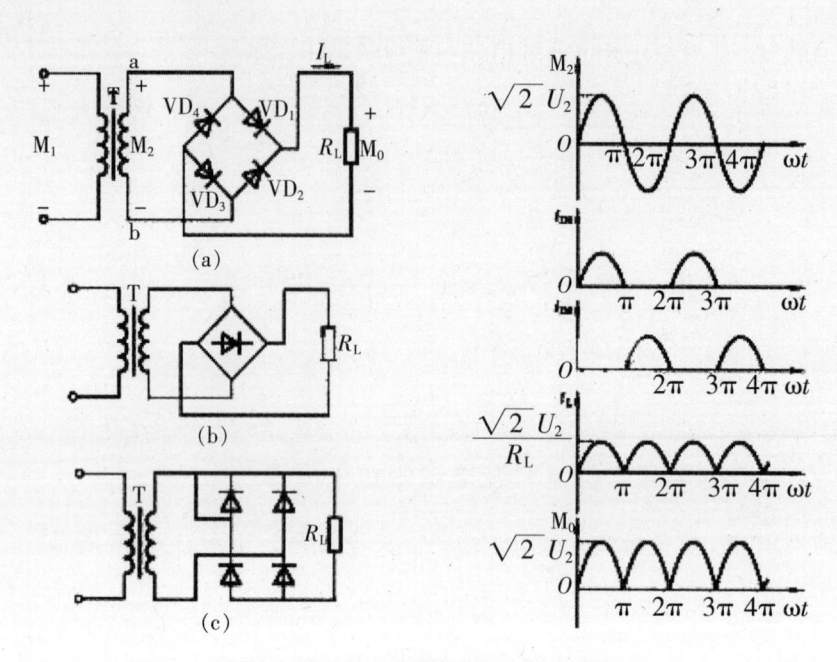

图6-4 单相桥式整流器电路及波形图

展示与评价

各个小组可以通过不同的形式展示本组学员对本学习活动的理解，以组为单位进行评价。其他组对展示小组的过程及结果进行相应的评价，评价内容为下面的"小组评价"内容；课余时间本人完成"自我评价"，教师完成"教师评价"内容。

（一）评价表

序号	项目	自我评价			小组评价			教师评价		
		10~8	7~6	5~1	10~8	7~6	5~1	10~8	7~6	5~1
1	学习兴趣									
2	介绍欠电流继电器的功能原理									
3	遵守纪律									
4	观察分析能力									
5	新元件的使用规范									
6	协作精神									
7	时间观念									
8	仪容、仪表符合活动要求									
9	元件安装美观性									
10	工作效率与工作质量									
	总评									

(二) 教师点评（教师根据各组展示分别做有的放矢的评价）
1. 找出各组的优点并进行点评
2. 对各组的缺点进行点评，并给出改进方法
3. 总结整个任务完成中出现的亮点和不足

学习活动三：识读电路图

学习目标

能识读 M7130（M7120）磨床外形图、示意图及电路图。

学习地点

教室

学习课时

10 课时

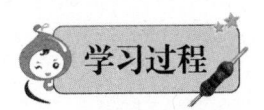

学习过程

一、M7130（M7120）磨床外形图的认识

引导问题 1：M7130（M7120）磨床型号的含义。

_____
_____

引导问题 2：M7130（M7120）磨床的主要结构及运动形式。

_____
_____
_____
_____

> 小提示

1. M7130（M7120）型平面磨床型号的含义，如图6-5所示

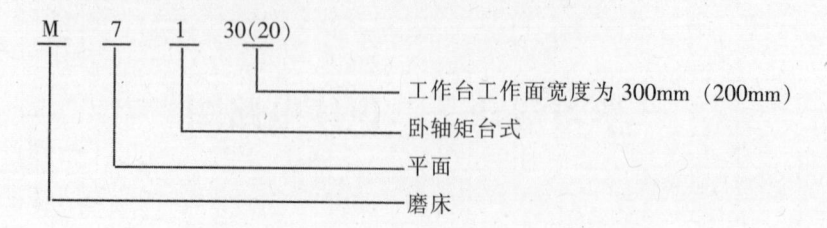

```
M 7 1 30(20)
│ │ │  └── 工作台工作面宽度为300mm（200mm）
│ │ └───── 卧轴矩台式
│ └─────── 平面
└───────── 磨床
```

图6-5　M7120型平面磨床型号的含义

2. M7130（M7120）磨床的主要结构及运动形式

结构主要是由床身、工作台、电磁吸盘、砂轮架、滑座和立柱等部分组成。它的主运动是砂轮的快速旋转，辅助运动是工作台的纵向往复运动以及砂轮的横向和垂直进给运动。工作台每完成一次纵向往返运动，砂轮架横向进给一次，从而能连续地加工整个平面。当整个平面磨完一遍后，砂轮架在垂直于工件平面的方向移动一次，称为吃刀运动。通过吃刀运动，可将工件尺寸磨到所需的尺寸。

二、识读M7130（M7120）磨床示意图，如图6-6所示

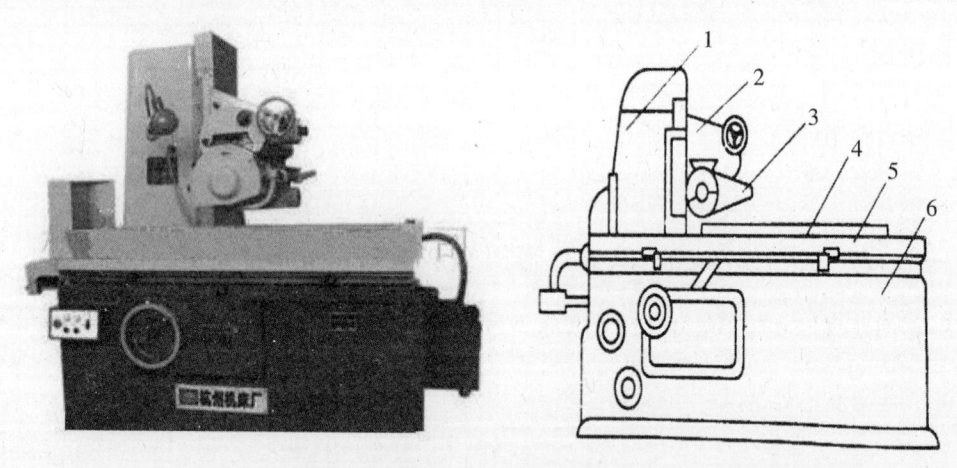

1—立柱　2—滑座　3—砂轮架　4—电磁吸盘　5—工作台　6—床身
图6-6　M7120型平面磨床外形及结构

引导问题3：尝试在M7130（M7120）磨床示意图中找出各部分结构。

_____

_____

_____

学习任务六：M7130（M7120）平面磨床电气控制线路的安装与调试

引导问题 4：M7130 磨床电气控制特点。

引导问题 5：主电路采用什么样的供电方式，其电压为多少？

引导问题 6：控制电路采用什么样的供电方式，其电压为多少？

引导问题 7：电磁吸盘电路采用什么样的供电方式，其电压各为多少？

引导问题 8：如何对欠电流继电器的电流进行整定？

引导问题 9：主电路和辅助电路各供电电路中的控制器件是哪个？

引导问题 10：主电路和辅助电路中各供电电路采用了什么保护措施？保护器件是哪个？

引导问题 11：分析各个电动机的控制特点及控制要求。

_____

_____

_____

_____

_____

小提示

1. 电气控制特点

（1）砂轮直接装在砂轮电机 M1 的轴上，对工件进行磨削加工。

（2）工作台的往复运动和无极调速由液压传动完成，液压泵电机 M3 驱动液压泵提供压力油。

（3）砂轮架的横向进给运动可由液压传动自动完成，也可用手轮来操作。

（4）砂轮架可沿立柱导轨垂直上下移动，这一垂直运动是通过操作手轮控制机械传动装置实现的。

（5）砂轮电机 M1 工作后，冷却泵电机 M2 才可以工作，提供冷却液。

（6）为保证加工安全，只有电磁吸盘充磁后，电动机 M1、M2、M3 才允许工作，电磁吸盘设有充磁和退磁环节。

2. 电路工作原理

（1）主电路

主电路中有三台电机，M1 为砂轮电机，M2 为冷却泵电机，M3 为液压泵电机，它们共用一组熔断器 FU1 作为短路保护。砂轮电机 M1 用接触器 KM1 控制，用热继电器 FR1 进行过载保护。由于冷却和床身是分装的，所以 M2 通过接插器 X1 和 M1 的电源线相连，冷却泵电机的容量较小，没有单独设置过载保护，M3 电机由 KM2 控制，由热继电器 FR2 作过载保护。

（2）控制电路

电磁吸盘电路包括整流电路、控制电路和保护电路三部分。整流变压器 T1 将 220V 的交流电压降为 145V，然后经桥式整流器 VC 后输出为 110V 直流电压。QS2 是电磁吸盘 YH 的转换开关，有"吸合""放松""退磁"三个位置。如果有些工件不易退磁时，可将附件退磁器的插头插入插座 XS，使工件在交变磁场的作用下进行退磁。电磁吸盘的保护电路是由放电电阻 R3 和欠电流继电器 KA 组成。因为电磁吸盘的电感很大，当电磁吸盘从吸合状态转变为放松状态的瞬间，线圈两端将产生很大的自感电动势，易使线圈或其他电器由于过电压而损坏。电阻 R3 的作用是在电磁吸盘断电瞬间给线圈提供放电通路，吸收线圈释放的磁场能量。欠电流继电器 KA 用以防止电磁吸盘断电时工件脱出发生事故。

电阻 R1 与电容器 C 的作用是防止电磁吸盘回路交流侧的过电压。熔断器 FU4 为电磁吸盘提供短路保护。

液压电机控制：在 QS2 或 KA 的常开触点闭合情况下，按下 SB3，KM2 线圈通电，其辅助触点（9 区）闭合自锁，M3 旋转，如需液压电机停止，按下停止按钮 SB4 即可。

砂轮和冷却泵电机控制：在 QS2 或 KA 的常开触点闭合情况下，按下 SB1，KM1 线圈通电，其辅助触点（7 区）闭合自锁，M1 和 M2 旋转，按下 SB2，砂轮和冷却泵电机停止。

照明电路：照明变压器 T2 将 380V 的交流电压降为 36V 的安全电压提供给照明电路。EL 为照明灯，一端接地，另一端由开关 SA 控制，熔断器 FU3 作照明电路的短路保护。

M7130（M7120）磨床电气控制线路工作原理请参照《电力拖动控制线路与技能训练》（中国劳动和社会保障出版社第四版）第三单元课题四中 M7130（M7120）磨床电气控制线路的内容。

展示与评价

各小组可以通过不同的形式展示本组学员对本学习活动的理解，以组为单位进行评价。其他组对展示小组的过程及结果进行相应的评价，评价内容为下面的"小组评价"内容；课余时间本人完成"自我评价"，教师完成"教师评价"内容。

（一）评价表

序号	项目	自我评价			小组评价			教师评价		
		10~8	7~6	5~1	10~8	7~6	5~1	10~8	7~6	5~1
1	学习兴趣									
2	磨床的结构描述									
3	遵守纪律									
4	主电路分析情况									
5	控制电路分析情况									
6	电气控制特点分析情况									
7	元器件的识读									
8	仪容、仪表符合活动要求									
9	线路工作原理的理解									
10	工作效率									
	总评									

（二）教师点评（教师根据各组展示分别做有的放矢的评价）

1. 找出各组的优点并进行点评

2. 对各组的缺点进行点评，并给出改进方法
3. 总结整个任务完成中出现的亮点和不足

学习活动四：勘查施工现场

学习目标

根据勘查施工现场测量 M7130（M7120）平面磨床尺寸，根据磨床电器配电柜的实际尺寸设计电器元件布置图，绘制接线图。

学习地点

一体化实训室

学习课时

4 课时

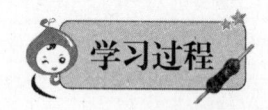

学习过程

一、设计电器元件布置图

引导问题 1：根据控制板实际情况回答下列问题。
（1）记录 M7130（M7120）平面磨床控制板尺寸，并试绘制电器元件布置图。

例如图6-7

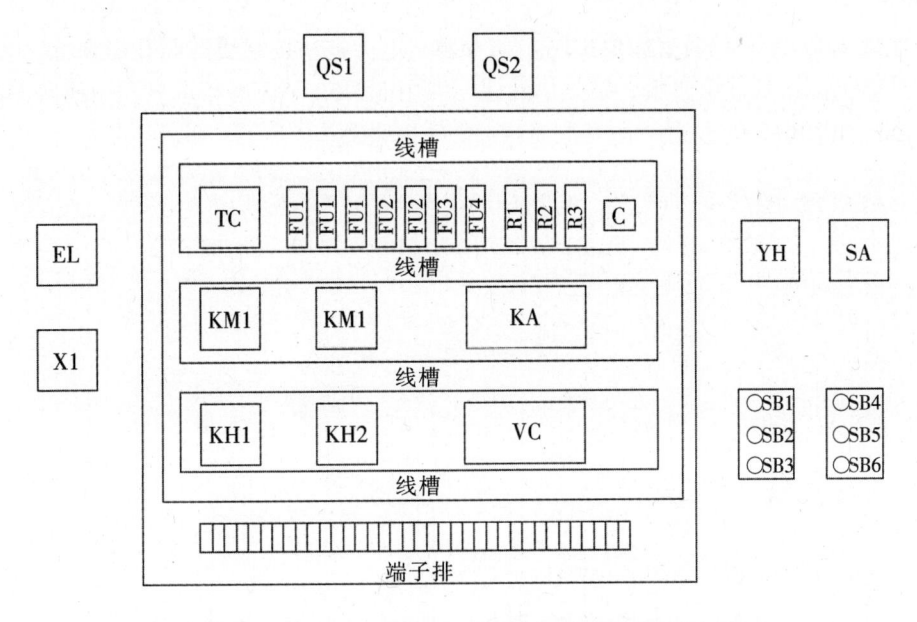

```
           QS1        QS2

    ┌─────────────────────────────────┐
    │            线槽                  │
    │  ┌──────────────────────────┐   │
    │  │ TC │FU1│FU1│FU2│FU2│FU3│FU4│R1│R2│R3│ C │
    │  └──────────────────────────┘   │
EL  │            线槽                  │   YH    SA
    │  ┌────┐ ┌────┐ ┌────────┐       │
X1  │  │KM1 │ │KM1 │ │  KA    │       │
    │  └────┘ └────┘ └────────┘       │
    │            线槽                  │   ○SB1  ○SB4
    │  ┌────┐ ┌────┐ ┌────────┐       │   ○SB2  ○SB5
    │  │KH1 │ │KH2 │ │  VC    │       │   ○SB3  ○SB6
    │  └────┘ └────┘ └────────┘       │
    │            线槽                  │
    └─────────────────────────────────┘
          ▭▭▭▭▭▭▭▭▭▭▭▭▭▭▭
               端子排
```

图 6-7 M7130（M7120）平面磨床制板电器元件布置图

（2）根据现场电动机技术数据，如何合理选择 M7130（M7120）平面磨床制板上的电器元件？

_____

_____

引导问题2：尝试绘制出 M7130（M7120）平面磨床接线图。

小提示

M7130（M7120）平面磨床原理图：请参照《电力拖动控制线路与技能训练》（中国劳动和社会保障出版社第四版）第三单元课题四中 M7130 平面磨床电气控制线路的内容，电气原理图如图 6-8 所示。

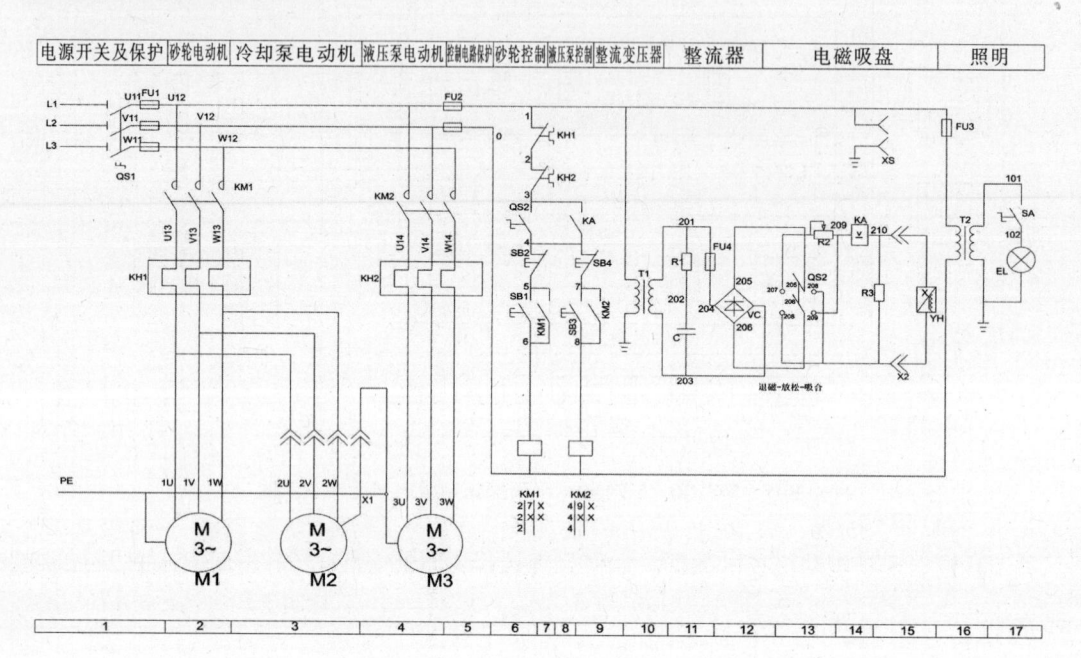

图 6-8

展示与评价

各个小组可以通过各种形式，对整个任务完成情况的工作总结进行展示，以组为单位进行评价。其他组对展示小组的过程及结果进行相应的评价，评价内容为下面的"小组评价"内容；课余时间本人完成"自我评价"，教师完成"教师评价"内容。

（一）评价表

序号	项目	自我评价			小组评价			教师评价		
		10~8	7~6	5~1	10~8	7~6	5~1	10~8	7~6	5~1
1	学习兴趣									
2	现场勘察效果									
3	遵守纪律									
4	观察分析能力									
5	准备充分									
6	协作精神									
7	时间观念									
8	元器件布置图									
9	接线图									
10	工作效率与工作质量									
	总评									

（二）**教师点评**（教师根据各组展示分别做有的放矢的评价）

1. 找出各组的优点并进行点评
2. 对各组的缺点进行点评，并给出改进方法
3. 总结整个任务完成中出现的亮点和不足

学习活动五：制定工作计划

学习目标

1. 勘察施工现场后，能根据施工图纸，制定工作计划。
2. 能根据任务要求和施工图纸，列举所需工具和材料清单。

学习地点

一体化实训室

电动机控制线路的安装与检修

学习课时

8课时

学习过程

引导问题1：安装需要的工具有哪些？

_____
_____
_____

引导问题2：安装需要的器材有哪些？

_____
_____
_____
_____

引导问题3：安装的主要内容是什么？个人要做的工作有哪些？

_____
_____
_____
_____
_____
_____

小提示

根据勘察施工现场，了解M7130（M7120）平面磨床所控制的电动机技术参数（如，砂轮电动机的技术参数：型号为W451-4；规格为：4.5KW、380V、1440r/min）以及M7130（M7120）平面磨床所需材料制定工作计划表。

工作计划表可以是表格的形式，也可以是流程图的形式或者文字的形式。描述你对现场勘查的信息记录，并制定相应的工作计划。

根据任务要求和施工图纸，列举所需工具和器材清单如下：

学习任务六：M7130（M7120）平面磨床电气控制线路的安装与调试

序号	名称	规格	数量	备注
1				
2				
3				
4				
5				
6				

展示与评价

各个小组可以通过各种形式，对整个任务完成情况的工作总结进行展示，以组为单位进行评价。其他组对展示小组的过程及结果进行相应的评价，评价内容为下面的"小组评价"内容；课余时间本人完成"自我评价"，教师完成"教师评价"内容。

（一）评价表

序号	项目	自我评价			小组评价			教师评价		
		10~8	7~6	5~1	10~8	7~6	5~1	10~8	7~6	5~1
1	学习兴趣									
2	遵守纪律									
3	计划可行性									
4	元件的数量									
5	元件的规格									
6	材料的完整性									
7	协作精神									
8	看图纸的能力									
9	工作效率与工作质量									
	总评									

（二）**教师点评**（教师根据各组展示分别做有的放矢的评价）

1. 找出各组的优点并进行点评
2. 对各组的缺点进行点评，并给出改进方法
3. 总结整个任务完成中出现的亮点和不足

学习活动六：现场施工

学习目标

1. 能按照作业规程应用必要的标识和隔离措施，准备现场工作环境。
2. 能按施工图纸和安装规程要求，进行安装与检修。
3. 施工后，能按施工任务书的要求直观检查。

学习地点

一体化实训室

学习课时

22课时

学习过程

一、安装 M7130（M7120）平面磨床控制线路元件及线路

引导问题1：施工前必要的安全标识挂于何处，其内容是什么？

引导问题2：安装电路所需元件，记录出现的问题。

引导问题 3：实施电路安装，记录出现的问题。

二、检测 M7130（M7120）平面磨床控制线路

引导问题 4：针对已安装完成的电路，用仪表进行检测，并记录如下。

小提示

利用电工工具和仪表对线路进行带电或断电测量，常用的方法有电压测量法和电阻测量法。

三、针对小组内出现的故障，回答以下问题

引导问题 5：通电试车后若主轴电动机不能启动，分析故障原因并排除。

引导问题 6：各组总结归纳几种常见故障现象与处理方法，填入下表：

故障现象	造成原因	处理方法

展示与评价

各个小组可以通过各种形式，对整个任务完成情况的工作总结进行展示，以组为单位进行评价。其他组对展示小组的过程及结果进行相应的评价，评价内容为下面的"小组评价"内容；课余时间本人完成"自我评价"，教师完成"教师评价"内容。

（一）评价表

序号	项目	自我评价			小组评价			教师评价		
		10~8	7~6	5~1	10~8	7~6	5~1	10~8	7~6	5~1
1	学习兴趣									
2	规范、安全操作									
3	各器件的选择									
4	导线的选择									
5	各器件安装的牢固性									
6	按电路图布线是否正确									
7	布线工艺									
8	整体检测									
9	通电试车									
10	排故能力									
	合计									

（二）**教师点评**（教师根据各组展示分别做有的放矢的评价）

1. 找出各组的优点并进行点评
2. 对各组的缺点进行点评，并给出改进方法
3. 总结整个任务完成中出现的亮点和不足

学习任务六：M7130（M7120）平面磨床电气控制线路的安装与调试

学习活动七：施工项目验收

学习目标

1. 施工后，能按施工任务书的要求直观检查。
2. 按电工作业规程，作业完毕后能清点工具、人员，收集剩余材料，清理工程垃圾，拆除防护措施。
3. 能正确填写任务单的验收项目，并交付验收。

学习地点

机床检修一体化实训室

学习课时

4课时

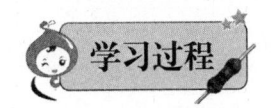

学习过程

根据任务实施的具体情况，结合本组的实际回答以下问题：

引导问题1：作业完毕后清点所用的工具有哪些？

引导问题2：拆除防护措施的顺序是什么？

引导问题 3：作业完毕后收集剩余材料，清理工程垃圾的具体工作有哪些？

_____

_____

展示与评价

展示各组同学完成任务的过程和成果，在展示的过程中以组为单位进行评价。其他组对展示小组的过程及结果进行相应的评价，评价内容为下面的"小组评价"内容；本人完成"自我评价"，教师完成"教师评价"内容。

（一）评价表

项目	自我评价			小组评价			教师评价		
	10~8	7~6	5~1	10~8	7~6	5~1	10~8	7~6	5~1
控制线路的识读									
各器件的选择									
导线选择									
按布置图安装器件									
各器件安装的牢固性									
按电路图布线是否正确									
布线工艺									
整体检测									
通电试车									
美观协调性									
合计									

（二）教师点评（教师根据各组展示分别做有的放矢的评价）

1. 找出各组的优点并进行点评
2. 对各组的缺点进行点评，并给出改进方法
3. 总结整个任务完成中出现的亮点和不足

注：本活动考核采用的是过程化考核方式作为学生项目结束的总评依据，请同学们认真对待并妥善保管留档。

学习活动八：工作总结与评价

学习目标

1. 真实评价学生的学习情况。
2. 培养学生的语言表达能力。
3. 展示学生学习成果，树立学生学习信心。

学习地点

机床检修一体化实训室

学习课时

2课时

学习过程

根据任务实施的具体情况，结合本组的实际回答以下问题：

引导问题1：通过M7130（M7120）平面磨床的安装学到了什么？

_____
_____
_____
_____

引导问题2：展示你最终完成的成果并说明它的优点。

_____
_____
_____
_____

引导问题3：安装质量存在问题吗？若有问题，是什么问题？什么原因导致的？下次该如何避免？

_____

_____

_____

_____

展示与评价

各个小组可以通过各种形式，对整个任务完成情况的工作总结进行展示，以组为单位进行评价。其他组对展示小组的过程及结果进行相应的评价，评价内容为下面的"小组评价"内容；课余时间本人完成"自我评价"，教师完成"教师评价"内容。

（一）评价表

序号	项目	自我评价			小组评价			教师评价		
		10~8	7~6	5~1	10~8	7~6	5~1	10~8	7~6	5~1
1	学习兴趣									
2	任务明确程度									
3	现场勘察效果									
4	学习主动性									
5	承担工作表现									
6	协作精神									
7	时间观念									
8	质量成本意识									
9	安装工艺规范性									
10	创新能力									
	总评									

（二）教师点评（教师根据各组展示分别做有的放矢的评价）

1. 找出各组的优点并进行点评
2. 对各组的缺点进行点评，并给出改进方法
3. 总结整个任务完成中出现的亮点和不足

学习任务七：Z35 钻床电气控制线路的安装与检修

工作情景描述

某机床厂需要对 Z35 型摇臂钻床电气控制线路进行安装，维修电工班接到此任务，要求在两个周时间内完成钻床电气控制线路的安装、调试，交付有关人员验收。

学习目标

1. 能明确工作任务要求，叙述 Z35 钻床的主要结构及运动形式，获取施工现场信息及 Z35 钻床技术资料。
2. 能制定工作计划，识读 Z35 钻床电气原理图，准备元器件及电工材料，能画出元件布置图，布置施工现场环境。
3. 能按图纸、工艺要求、安全规范和设备要求，安装元器件并接线，能用仪表检查电路安装的正确性并通电试车，施工完毕能清理现场。
4. 能填写工作记录并交付验收。
5. 能总结施工过程中出现的问题和解决方法，对自己和他人的工作做出中肯的评价。

建议课时

70 课时

学习地点

一体化实训室

电动机控制线路的安装与检修

学习准备

常用工具：常用电工工具、卷尺、钢锯、电钻、劳保用品、专用扳手等
常用仪表：万用表、兆欧表、钳形电流表
专用元器件：三相异步电动机、组合开关、熔断器、接触器、热继电器、按钮、接线端子、汇流环、十字开关
设备：Z35钻床、多媒体设备
资料：任务单、机床图纸、电业安全操作规程、电工手册、电气安装施工规范等

工作过程与学习活动

1. 学习活动一：获取信息
2. 学习活动二：施工前准备
3. 学习活动三：施工现场调研、制定安装方案
4. 学习活动四：实施计划
5. 学习活动五：检查控制
6. 学习活动六：评价反馈

学习活动一：获取信息

学习目标

1. 能阅读"Z35型摇臂钻床安装与检修"工作任务单，明确工时、工作任务等信息，并能用语言进行复述。
2. 能进行人员分组。

学习地点

教室

学习课时

2课时

学习过程

请认真阅读工作情景描述，查阅相关资料，组织语言自行填写工作任务记录单。

工作任务记录单

设备安装记录						
接单人及时间				预定完工时间		
派工						
安装原因						
安装情况						
安装起止时间				工时总计		
耗用材料名称	规格		数量	耗用材料名称	规格	数量
安装人员建议						
验收记录						
验收部门	维修开始时间			完工时间		
^	验收结果				验收人：	日期：
设备部门					验收人：	日期：

注：本单一式两份，一联报修部门存根，一联交动力设备室。

引导问题 1：工作任务记录单中安装原因部分由谁填写？

_____

_____

_____

_____

163

引导问题 2：请你列出本次安装任务所需的电器元件及耗材。

引导问题 3：工作任务记录单中验收记录部分由谁填写？

引导问题 4：用自己的语言填写完成此项任务所需要的安全防护措施，并进行展示。

引导问题 5：在填写完工作任务记录单后你是否有信心完成此工作，为完成此工作你认为还欠缺哪些知识和技能？

展示与评价

各个小组可以通过各种形式，对整个任务完成情况的工作总结进行展示，以组为单位进行评价。其他组对展示小组的过程及结果进行相应的评价，评价内容为下面的"小组评价"内容；课余时间本人完成"自我评价"，教师完成"教师评价"内容。

（一）评价表

序号	项目	自我评价			小组评价			教师评价		
		10~8	7~6	5~1	10~8	7~6	5~1	10~8	7~6	5~1
1	小组活动参与度									
2	正确理解任务									
3	遵守纪律（出勤）									
4	回答问题									
5	学习准备充分、齐全									
6	协作精神									
7	时间观念									
8	仪容、仪表符合活动要求									
9	语言表达规范									
10	角色扮演表现									
	总评									

（二）**教师点评**（教师根据各组展示分别做有的放矢的评价）

1. 找出各组的优点并进行点评
2. 对各组的缺点进行点评，并给出改进方法
3. 总结整个任务完成中出现的亮点和不足

学习活动二：施工前的准备

学习目标

识读电路原理图、查阅相关资料，能正确分析电路的供电方式、各台电动机的作用、控制方式及控制电路特点，为安装与检修工作做好准备。

电动机控制线路的安装与检修

学习地点

教室

学习课时

10 课时

学习过程

一、我们一起来认识几种常见的 Z35 摇臂钻床，如图 7-1 所示，并回答以下问题

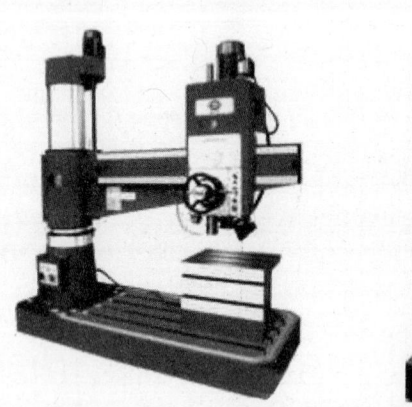

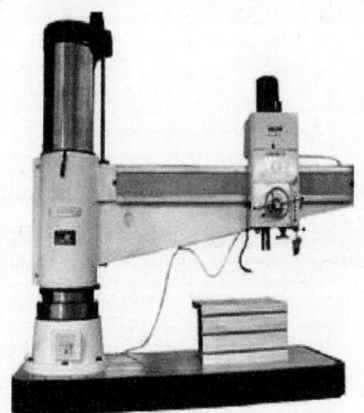

图 7-1　Z35 摇臂钻床实物图

引导问题 1：从图片上我们可以看出 Z35 钻床的主要用途有哪些？

引导问题 2：根据图片你能说出 Z35 钻床的主要结构、运动形式及操作方法吗？

引导问题 3：Z35 摇臂钻床的型号含义是什么？

_____

_____

_____

小提示

1. Z35 摇臂钻床的型号含义

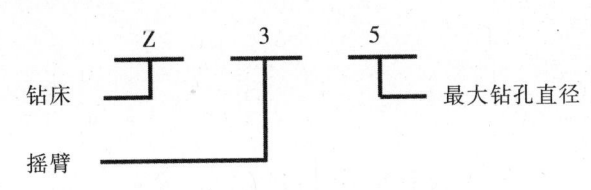

图 7-2　Z35 摇臂钻床的型号含义

2. Z35 摇臂钻床的用途

Z35 摇臂钻床是一种立式摇臂钻床，主要用于对大型零件钻孔、扩孔、锪孔、铰孔、镗孔和攻螺纹等。

3. 摇臂升降要求有限位保护，各种工作状态通过十字开关 SA 操作，本控制环节设有零压保护环节。主轴电机单向运转，主轴的正反转通过离合器实现。摇臂升降电动机能正反转控制，通过机械和电气联合实现。立柱松紧电动机能正反转控制，通过液压控制和电气联合实现。冷却泵电动机正转运行。

4. Z35 摇臂钻床的控制要求是如何实现的，同学们可以查阅《常用机床电气检修》课题四找到具体内容。

二、结合电路原理图，回答以下问题

引导问题 4：电路图中有几台电动机？

_____

_____

_____

引导问题 5：给电动机作过载保护的是什么元件？短路保护的是什么元件？

_____

_____

_____

167

引导问题 6：分析 M1、M2、M3、M4 四台电动机的启动过程。

_____
_____
_____

引导问题 7：叙述照明线路、信号灯线路的工作原理。

_____
_____

引导问题 8：简述零压中间继电器 KA 的作用。

_____
_____
_____
_____

图 7-3　十字开关　　　　　　　　　　图 7-4　汇流环

引导问题 9：简述汇流环 YG 的作用。

_____
_____
_____
_____

引导问题 10：如何进行十字开关的操作？

_____
_____
_____
_____
_____
_____
_____

引导问题 11：画出 Z35 摇臂钻床的元件布置图与接线图。

小提示

1. Z35 摇臂钻床元件布置图

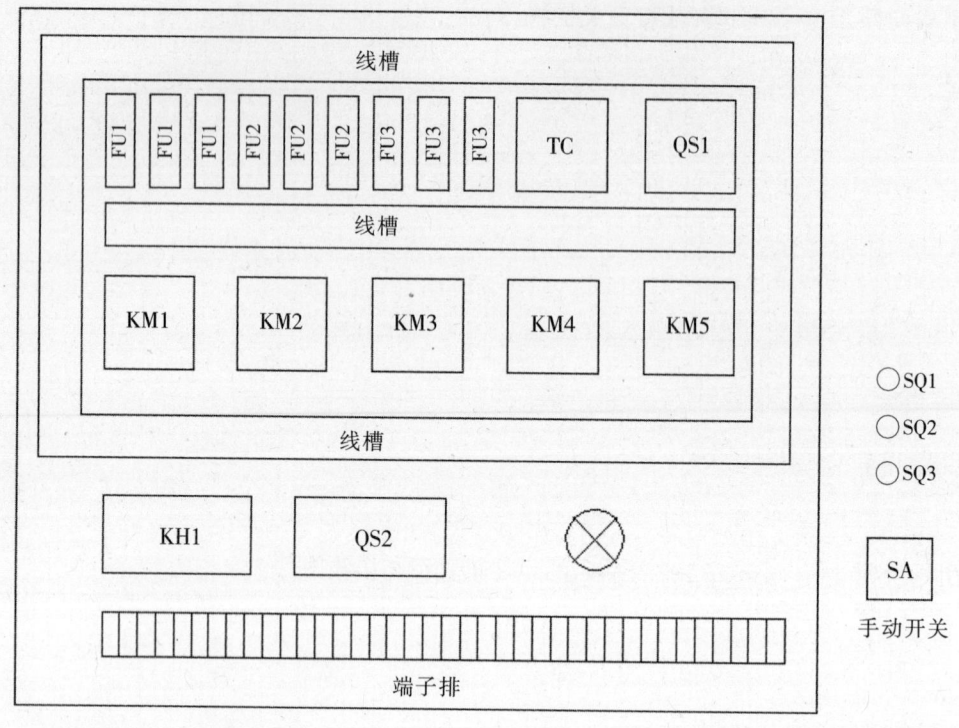

2. Z35 摇臂钻床电路原理图

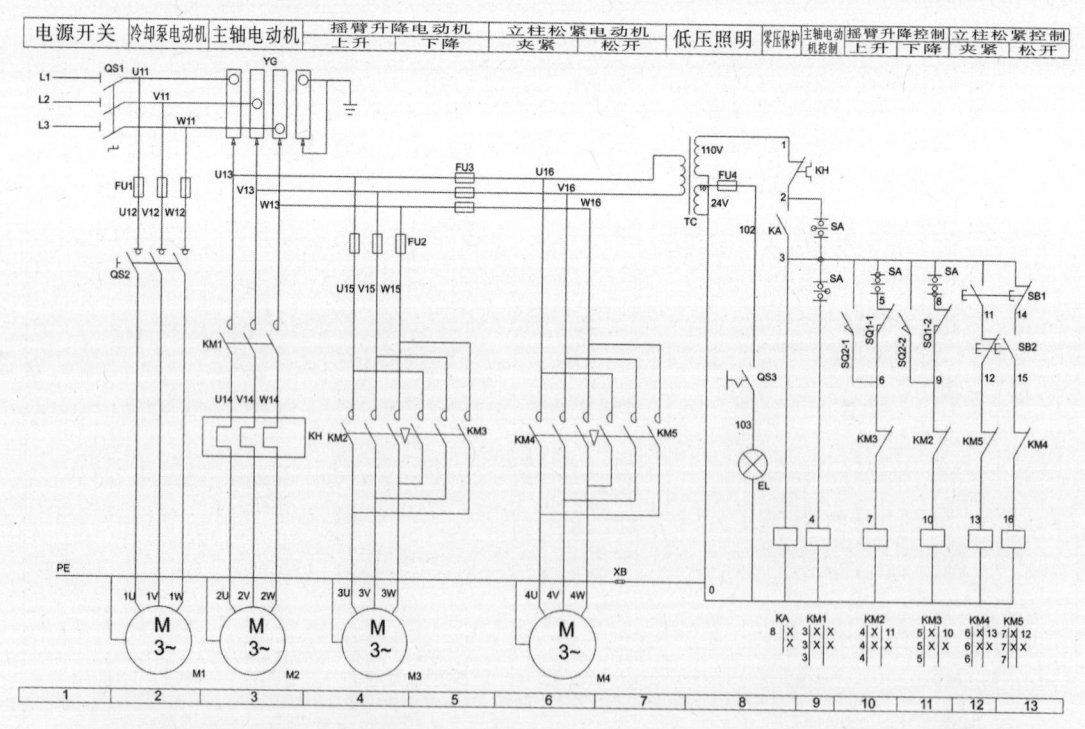

3. Z35 摇臂钻床的电气控制线路分析

Z35 摇臂钻床的电气控制线路中一共有 4 台三相异步电动机：冷却泵电动机 M1、主轴电动机 M2、摇臂升降电动机 M3、立柱松紧电动机 M4。

冷却泵电动机 M1：熔断器 FU1 对冷却泵电动机 M1 起短路保护，组合开关 QS2 可以直接对冷却泵电动机 M1 进行启动和停止。

主轴电动机 M2：热继电器 KH 对主轴电动机 M2 起过载保护，手动开关 SA 接通 KM1，接触器 KM1 控制主轴电动机 M2 的启动和停止。

摇臂升降电动机 M3：熔断器 FU2 对摇臂升降电动机 M3 起短路保护，通过手动开关 SA 控制摇臂上升（或下降），分别控制 KM2（或 KM3）的接通（或断开），来实现摇臂升降电动机的上升或下降。

立柱松紧电动机 M4：熔断器 FU3 对立柱松紧电动机 M4 起短路保护，通过手动开关 SA 控制立柱夹紧（或放松），分别控制 KM4（或 KM5）的接通（或断开），来实现立柱夹紧（或放松）。

Z35 摇臂钻床的控制电路用十字开关 SA 操作，它由十字手柄和四个微动开关组成。电路中设有零压保护的环节，由十字开关 SA 和中间继电器 KA 实现。

变压器 TC 的一、二次侧的电压：控制变压器 TC 的二次侧输出的电压，0-1 号线之间的电压为 110V，照明线路为 24V，QS3 控制照明灯 EL 的接通或断开，FU4 为它提供短路保护。

其他控制线路分析内容可参考辅助教材《电力拖动控制线路与技能训练》第三单元课题三的内容。

展示与评价

各个小组可以通过各种形式，对整个任务完成情况的工作总结进行展示，以组为单位进行评价。其他组对展示小组的过程及结果进行相应的评价，评价内容为下面的"小组评价"内容；课余时间本人完成"自我评价"，教师完成"教师评价"内容。

（一）评价表

序号	项目	自我评价			小组评价			教师评价		
		10~8	7~6	5~1	10~8	7~6	5~1	10~8	7~6	5~1
1	小组活动参与度									
2	正确理解任务									
3	遵守纪律（出勤）									
4	回答问题									
5	学习准备充分									
6	协作精神									
7	时间观念									
8	仪容、仪表符合要求									
9	语言表达规范									
10	角色扮演表现									
	总评									

电动机控制线路的安装与检修

(二) **教师点评**（教师根据各组展示分别做有的放矢的评价）

1. 找出各组的优点并进行点评
2. 对各组的缺点进行点评，并给出改进方法
3. 总结整个任务完成中出现的亮点和不足

学习活动三：施工现场调研、制定安装方案

学习目标

1. 勘察施工现场后，能根据施工图纸，制定工作计划。
2. 能根据任务要求和施工图纸，列举所需工具和材料清单。

学习地点

机床检修实训室

学习课时

8课时

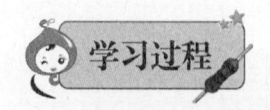

学习过程

引导问题1：安装需要的工具有哪些？

_____
_____
_____

引导问题2：安装需要的器材有哪些？

_____
_____
_____
_____
_____

引导问题 3：安装的主要内容是什么？个人要做的工作有哪些？

_____

_____

_____

_____

_____

小提示

根据勘察施工现场，了解 Z35 摇臂钻床冷却泵电动机技术参数（如，冷却泵电动机的技术参数：型号为 JCB-22-2；规格为：0.125KW、380V、2790r/min）以及 Z35 摇臂钻床所需材料制定工作计划表。

工作计划表可以是表格的形式，也可以是流程图的形式或者文字的形式。描述你对现场勘查的信息记录，并制定相应的工作计划。其他知识内容可参考辅助教材《电力拖动控制线路与技能训练》第三单元课题三的内容。

引导问题 4：根据任务要求和施工图纸，列举所需工具和器材清单如下：

序号	名称	规格	数量	备注
1				
2				
3				
4				
5				
6				
7				

展示与评价

各个小组可以通过各种形式，对整个任务完成情况的工作总结进行展示，以组为单位进行评价。其他组对展示小组的过程及结果进行相应的评价，评价内容为下面的"小组评价"内容；课余时间本人完成"自我评价"，教师完成"教师评价"内容。

（一）评价表

序号	项目	自我评价			小组评价			教师评价		
		10~8	7~6	5~1	10~8	7~6	5~1	10~8	7~6	5~1
1	学习兴趣									
2	遵守纪律									
3	方案可行性									
4	元件的数量									
5	元件的规格									
6	材料的完整性									
7	协作精神									
8	看图纸的能力									
9	工作效率与工作质量									
10	处理问题能力									
	总评									

（二）**教师点评**（教师根据各组展示分别做有的放矢的评价）

1. 找出各组的优点并进行点评
2. 对各组的缺点进行点评，并给出改进方法
3. 总结整个任务完成中出现的亮点和不足

学习活动四：实施计划

学习目标

1. 能按图纸、工艺要求、安全规范和设备要求，安装 Z35 钻床元器件并接线，施工完毕能清理现场。
2. 掌握 Z35 钻床电气线路的安装与调试方法。

学习地点

机床检修实训室

学习课时

30 课时

学习过程

通过前面学习活动，同学们已熟悉 Z35 钻床线路的优点，进行了任务分工，并领取了材料。进入现场配盘。请你思考回答以下问题，并完成安装任务。

引导问题 1：根据现场特点，应采取哪些安全、文明作业措施？

引导问题 2：选择哪些标识牌？悬挂在哪些醒目位置上？并说明原因。

小提示

（1）应有安全、文明作业的组织措施：工作人员合理分工，建立安全员制度、监护人制度、文明作业巡视员制度。

（2）应采用必要的安全技术措施：如安全隔离措施，即切断外电线路电源并验电。

（3）在停电的电气线路或设备上工作，应挂警示类或禁止类标识牌；严禁工作时停送电、装接地线等以防意外事故的发生。

（4）在断开的开关或拉闸断电锁好的开关箱的把手上悬挂"禁止合闸，有人工作！"的标识牌，防止误合闸而造成人身或设备事故发生。

引导问题 3：安装工具使用中注意哪些问题？

引导问题 4：配盘走线应该注意些什么？

展示与评价

各个小组可以通过各种形式，对整个任务完成情况的工作总结进行展示，以组为单位进行评价。其他组对展示小组的成果进行相应的评价，评价内容为下面的"小组评价"内容；课余时间本人完成"自我评价"，教师完成"教师评价"内容。

序号	项目	自我评价			小组评价			教师评价		
		10~8	7~6	5~1	10~8	7~6	5~1	10~8	7~6	5~1
1	学习兴趣									
2	遵守纪律									
3	元器件的识别									
4	元器件的型号、参数选用									
5	所用工具的正确使用与维护保养									
6	导线剥削质量									
7	电路连接的准确性									
8	规范安全操作									
9	配盘的规范性									
10	协作精神									
	总评									

(二) 教师点评（教师根据各组展示分别做有的放矢的评价）

1. 找出各组的优点并进行点评
2. 对各组的缺点进行点评，并给出改进方法
3. 总结整个任务完成中出现的亮点和不足

学习活动五：检查控制

学习目标

1. 能用仪表检查电路安装的正确性并通电试车，能对 Z35 钻床及其控制线路进行排故。
2. 掌握 Z35 钻床电气线路故障排除的方法。

学习地点

机床检修实训室

学习课时

6 课时

学习过程

对已经安装好的 Z35 钻床及其控制线路进行通电试车，在试车前完成以下问题。

引导问题 1：维修完毕后，自检的内容有哪些？

_____

_____

引导问题 2：如何使用万用表进行自检，请叙述自检过程。

_____

_____

引导问题 3：如果自检有问题，如何对线路进行检修？

_____

_____

_____

引导问题 4：学生利用万用表完成对各小组完成电路的自检、互检，并将结果记录如下：

_____

_____

_____

课堂练习

1. 故障设置：在控制电路或主电路中，人为设置电气线路故障两处。
2. 教师示范检修
（1）用实验法观察故障现象。主要观察电动机的运行情况、接触器的动作情况和线路的工作情况。
（2）用逻辑分析法缩小故障范围，并在电路图上用虚线标出故障部位的最小范围。
（3）用测量法准确、迅速地找到故障点。
（4）根据故障点的不同情况，采用正确的修复方法，排除故障。
（5）通电试车。
3. 学生检修
教师示范后，由教师设置故障点，让学生进行检修。

引导问题 5：请各小组同学总结归纳几种常见故障现象与处理方法，填入下表：

故障现象	造成原因	处理方法

小提示

常见故障分析：

1. 按下启动按钮，主轴电动机 M2 不能启动，KM1 主触点没有吸合

故障原因：控制变压器 TC 二次侧有没有 110V 电压，KA 线圈是否得电，十字开关触点接触是否正常，热继电器常闭触点接触不良，接触器线圈开路。

解决方法：检查供电电源、拧紧元件、更换熔丝、修理开关、热继电器常闭触点闭合、更换线圈等。

2. 摇臂上升（下降）夹紧后，电动机 M3 仍正、反转重复不停

故障原因：鼓形组合开关 SQ2 的两副常开触点调节得太近，使其不能及时分断引起的。

解决方法：调节鼓形开关 SQ2-1 和 SQ2-2 的相对位置。

展示与评价

各个小组可以通过各种形式，对整个任务完成情况的工作总结进行展示，以组为单位进行评价。其他组对展示小组的过程及结果进行相应的评价，评价内容为下面的"小组评价"内容；课余时间本人完成"自我评价"，教师完成"教师评价"内容。

（一）评价表

评价项目	评价内容及评价分值		
	优秀（10~8）	良好（7~6）	继续努力（5~1）
元器件选择			
元器件检测			
电工工具的使用			
Z35 钻床电气线路原理分析			
元件布局			
配盘走线			
电动机运转情况			
导线的损坏			
接线的正确性			
美观协调性			

（二）**教师点评**（教师根据各组展示分别做有的放矢的评价）

1. 找出各组的优点并进行点评
2. 对各组的缺点进行点评，并给出改进方法
3. 总结整个任务完成中出现的亮点和不足

学习活动六：评价反馈

学习目标

按照电工作业规程，作业完毕后能清点工具、人员，收集剩余材料，清理工程垃圾，拆除防护措施。

学习地点

施工现场

学习课时

4课时

学习过程

请同学们结合已经完成的工作任务回答以下问题：

引导问题1：作业完毕后，清点所用的工具有哪些？

_____

引导问题2：拆除防护措施的顺序是什么？

_____
_____

引导问题3：作业完毕后收集剩余材料，清理工程垃圾的具体工作有哪些？

_____
_____

引导问题4：通过Z35钻床电气控制线路的安装与检修过程学到了什么（专业技能和技能之外的东西）？

_____
_____

引导问题 5：展示你最终完成的成果并说明它的优点：

_____
_____
_____

引导问题 6：安装质量是否存在问题吗？是什么原因导致的？下次该如何避免？

_____
_____
_____
_____

展示与评价

学生对照自己的成果进行直观检查，自己完成"自检"部分内容，同时也可以由老师安排其他同学（同组或别组同学）进行"互检"，并填写下表：

（一）评价表

项目	自检 合格	自检 不合格	互检 合格	互检 不合格
原件的选择				
各元器件的检测				
各器件固定的牢固性				
走线的规范性				
接线端子的正确、美观				
配盘的正确性				
接线端子可靠性				
维修预留长度				
导线绝缘的损坏				

（二）**教师点评**（教师根据各组展示分别做有的放矢的评价）

1. 找出各组的优点并进行点评
2. 对各组的缺点进行点评，并给出改进方法
3. 总结整个任务完成中出现的亮点和不足

学习任务八：X62W万能铣床电气线路的安装与检修

工作情景描述

我院机电系数控一室车间有一台X62W万能铣床，因使用多年，所有电器元件均已老化，现在需要对X62W万能铣床电气控制线路进行重新安装与调试，维修电工班接到此任务，要求在四个周的时间内完成X62W万能铣床电气控制线路的安装、调试，交付有关人员验收。

检修者接到"X62W万能铣床电气控制线路的安装与调试"任务后，根据施工图要求，准备工具和材料，做好工作现场准备，严格遵守作业规范进行施工，工作完毕后进行自检，填写相关表格并交付工程部验收。按照现场管理规范清理场地、归置物品。

学习目标

1. 能识读原理图，明确X62W万能铣床电气控制线路动作过程及控制原理。
2. 能叙述X62W万能铣床的运动方式和主要技术性能。
3. 能叙述X62W万能铣床的主要结构和机械传动系统及电气控制特点。
4. 能识读安装图、接线图，确定元器件、控制柜、电动机等安装位置。
5. 能识别和选用元器件，核查其型号与规格是否符合图纸要求，并进行检查。
6. 能根据故障现象，熟练分析出故障原因。
7. 能使用万用表、钳形电流表、兆欧表、测电笔等检测设备对电气线路进行自检和互检。
8. 能按照正确的检测步骤，排除故障，并按照安全操作规程正确通电试车。

学习课时

120课时

学习任务八：X62W万能铣床电气线路的安装与检修

学习地点

现场、教室

学习准备

常用工具：电工工具一套、劳保用品
常用量具：万用表、兆欧表、电流表
专用工具：多媒体设备
材料：导线、熔断器、交流接触器、热继电器、控制变压器、整流桥、电磁离合器、位置开关、按钮、旋钮开关、转换开关、主轴电机、冷却电机、进给电机、照明灯、旋钮开关。
设备：X62W万能铣床或模拟电气柜
资料：工作任务记录单、安全操作规程

学习过程

1. 学习活动一：明确工作任务
2. 学习活动二：获取信息
3. 学习活动三：施工前的准备
4. 学习活动四：施工现场调研、制定安装方案
5. 学习活动五：现场施工
6. 学习活动六：通电试车交付验收
7. 学习活动七：工作总结与评价

学习活动一：明确工作任务

学习目标

1. 能阅读"X62W万能铣床电气线路的安装与调试"工作任务单，明确工时、工作任务等信息，并能用语言进行复述。
2. 能进行人员分组。

学习地点

教室

学习课时

4课时

学习过程

请认真阅读工作情景描述，查阅相关资料，填写工作任务记录单。

工作任务记录单

工作任务记录					
接单人及时间			预定完工时间		
派工					
安装原因					
安装情况					
安装起止时间			工时总计		
耗用材料名称	规格	数量	耗用材料名称	规格	数量
安装人员建议					
验收记录					
验收部门	维修开始时间		完工时间		
	验收结果			验收人：	日期：
	设备部门			验收人：	日期：

注：本单一式两份，一联报修部门存根，一联交动力设备室。

学习任务八：X62W万能铣床电气线路的安装与检修

引导问题1：工作任务记录单中安装原因部分由谁填写？

引导问题2：请你列出本次安装任务所需的电器元件及耗材。

引导问题3：工作任务记录单中验收记录部分由谁填写？

小提示

工作任务记录单是进行绩效考核的重要依据，同时也可以解决维修人员之间互相扯皮现象，促使专业人员加快安装与检修速度。

引导问题4：填写工作任务记录单中验收记录部分，并进行展示。

引导问题5：在填写完工作任务记录单后你是否有信心完成此工作，为完成此工作你认为还欠缺哪些知识和技能？

展示与评价

各小组可以通过不同的形式展示本组学员对本学习活动的理解,以组为单位进行评价。其他组对展示小组的过程及结果进相应的评价,评价内容为下面的"小组评价"内容;本人完成"自我评价",教师完成"教师评价"内容。

(一)评价表

序号	项目	自我评价			小组评价			教师评价		
		10~8	7~6	5~1	10~8	7~6	5~1	10~8	7~6	5~1
1	小组活动参与度									
2	正确理解任务									
3	遵守纪律									
4	回答问题									
5	学习准备充分									
6	协作精神									
7	时间观念									
8	仪容、仪表符合要求									
9	语言表达规范									
10	角色扮演表现									
	总评									

(二)教师点评(教师根据各组展示分别做有的放矢的评价)

1. 找出各组的优点并进行点评
2. 对各组的缺点进行点评,并给出改进方法
3. 总结整个任务完成中出现的亮点和不足

学习活动二:获取信息

学习目标

识读电路原理图、查阅相关资料,能正确分析电路的供电方式、各台电动机的作用、控制方式及控制电路特点,为安装与调试工作做好准备。

学习任务八：X62W万能铣床电气线路的安装与检修

学习地点

教室

学习课时

20 课时

学习过程

一、X62W 万能铣床电路图

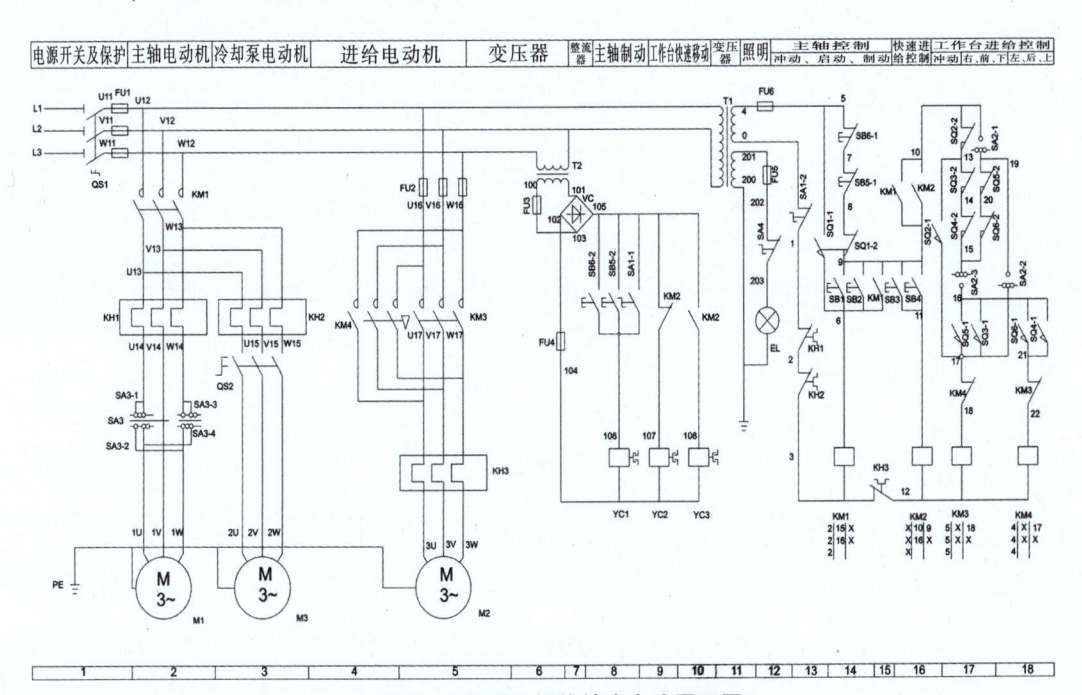

图 8-1　X62W 万能铣床电路原理图

二、请你根据原理图电源部分内容、查阅相关资料回答下列问题

引导问题 1：主电路采用什么样的供电方式，其电压为多少？

_____

_____

_____

187

引导问题 2：控制电路采用什么样的供电方式，其电压为多少？

_____

_____

引导问题 3：照明电路和指示电路各采用什么样的供电方式，其电压各为多少？

_____

_____

引导问题 4：主电路和辅助电路各供电电路中的控制器件是哪个？

_____

_____

引导问题 5：主电路和辅助电路中各供电电路采用了什么保护措施？保护器件是哪个？

_____

_____

_____

三、请你根据原理图主电路部分内容、查阅相关资料回答下列问题

引导问题 6：主电路有哪几台电动机？

_____

_____

引导问题 7：主电路都使用了哪种电动机？

_____

_____

引导问题 8：主轴电动机主要起什么作用？

_____

_____

引导问题 9：冷却泵电动机的作用是什么？

_____

_____

引导问题 10：进给电动机的作用是什么？

_____

_____

四、请你根据原理图辅助电路部分内容、查阅相关资料回答下列问题

引导问题 11：主轴电动机的控制要求是什么？

_____

_____

引导问题 12：冷却泵电动机的控制要求是什么？

_____

_____

引导问题 13：进给电动机的特点及控制要求是什么？

_____

_____

小提示

X62W 万能铣床特点及控制要求

（1）主轴的转动及刀架的移动由主拖动电动机带动，主拖动电动机一般选用三相鼠笼式异步电动机，并采用机械变速。

（2）主拖动电动机采用直接启动，启动、停止采用按钮操作，停止采用电磁离合器制动。

（3）主轴电动机不要求正、反转；进给电动机采用正、反转控制；工作台快速移动靠电磁离合器和机械挂挡来实现。

（4）铣削加工时，需用切削液对刀具和工件进行冷却。为此，设有一台冷却泵电动机，拖动冷却泵输出冷却液。

（5）工作台的快速移动是通过电磁离合器和机械挂挡来完成。

引导问题 14：电动机的控制电路由哪些器件组成，其控制电路工作原理是什么？

_____

_____

引导问题 15：冷却泵电动机的控制电路由哪些器件组成，其控制电路工作原理是什么？

_____

_____

引导问题 16：主轴电动机与冷却泵电动机有什么关系？

_____

_____

引导问题 17：工作台进给的控制电路由哪些器件组成，其控制电路的工作原理是什么？

_____

_____

小提示

1. 主电路分析

M1：主轴电动机，由 KM1、SA3 控制双向运转。

M2：冷却泵电动机，由 QS2 控制运转。

M3：工作台进给电动机，由 KM3、KM4 控制双向运转。

2. 控制电路分析

控制电路电源分别由控制变压器 TC 次级提供：~110V；电磁离合器的电源由 TC2 提供：~27V；机床照明电源由 TC1 提供：~24V。

（1）主轴电动机 M1 控制：（异地控制）

启动：SB2（SB1）→KM1 得电（自锁）→M1 连续运转

停止：SB6-1（SB5-1）→KM1 失电→M1 停止运转

（2）冷却泵电动机 M3 控制：

启动：主轴工作→KM1 得电→合上 QS2→M3 连续运转→提供冷却液

停止：断开 QS2/主轴停止→KM1 失电→M3 停止运转

过载保护：FR1/FR2 动作→整机停止

（3）进给电动机控制：

SQ5、SQ6→KM3、KM4 得电→M2 连续运转，工作台向右、左运动

SQ3、SQ4→KM3、KM4 得电→M2 连续运转，工作台向前、向下和向后、向上运动

引导问题 18：电路中采用了什么保护？由哪些器件实现？

_____

_____

_____

小提示

1. 人身安全保护环节

主轴换刀控制，在主轴换刀时，为避免人身事故，将主轴置于制动状态。即将主轴换刀制动转换开关 SA1 转换到"接通"位置，其常开触点 SA1-1 接通电磁离合器 YC1，将电动机轴抱死，主轴处于制动状态；其常闭触点 SA1-2 断开，切断控制回路电源，保证了上刀或换刀时，机床没有任何动作。当上刀、换刀结束后，将 SA1 扳回到断开的位置。

2. 电气保护环节

过载保护：采用热继电器进行过载保护；短路保护：采用熔断器进行短路保护。

引导问题 19：请各个小组将各成员分析的工作原理进行汇总、讨论，记录并展示。

_____

_____

展示与评价

各个小组可以通过各种形式，对整个任务完成情况的工作总结进行展示，以组为单位进行评价。其他组对展示小组的过程及结果进行相应的评价，评价内容为下面的"小组评价"内容；课余时间本人完成"自我评价"，教师完成"教师评价"内容。

（一）评价表

序号	项目	自我评价			小组评价			教师评价		
		10~8	7~6	5~1	10~8	7~6	5~1	10~8	7~6	5~1
1	学习兴趣									
2	介绍电路组成表达清晰度									
3	遵守纪律									
4	观察分析能力									
5	分析电路图正确									
6	协作精神									
7	时间观念									
8	仪容、仪表符合活动要求									
9	电路原理表达清晰									
10	工作效率与工作质量									
	总评									

(二)教师点评(教师根据各组展示分别做有的放矢的评价)

1. 找出各组的优点并进行点评
2. 对各组的缺点进行点评，并给出改进方法
3. 总结整个任务完成中出现的亮点和不足

学习活动三：施工前的准备

学习目标

1. 能掌握安装过程、调试原则、检修思路、常用检修方法（支路检测法、电压法、电阻法）。
2. 能掌握仪表的使用方法和技巧。
3. 能明确调试过程的安全注意事项。

学习地点

机床维修实训室

学习课时

6课时

学习过程

一、查阅相关资料，回答下列问题，为检修做好准备

引导问题1：想要完成铣床电气控制线路的安装与检修，需要哪些资料和安装事项？请你查阅资料并简要叙述。

_____
_____
_____
_____

引导问题 2：请你试着画出 X62W 万能铣床的元件布置图和接线图。

布置图：

接线图：

引导问题 3：请试着说出设备电气故障检修步骤，并进行小组讨论、归纳和总结。

_____

_____

_____

_____

二、X62W 万能铣床的元件布置参考图

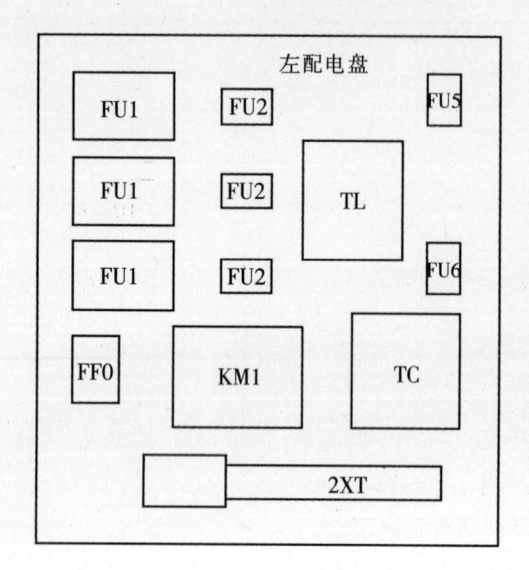

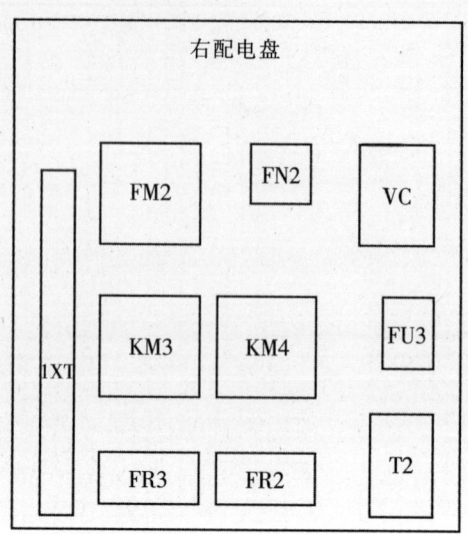

图 8-2　X62W 万能铣床元件布置图

三、电路接线图请参照《电力拖动控制线路与技能训练》（中国劳动和社会保障出版社第四版）第三单元课题五中 X62W 万能铣床电气控制线路的内容

引导问题 4：请想一想，要完成确定故障具体部位的工作可采用的检查方法有哪些？

引导问题 5：在故障检修时也有许多技巧，请查阅资料小组讨论、总结。

引导问题 6：你还记得如何使用试电笔吗？请简单地描述一下。

引导问题 7：你还记得使用万用表测量电阻的方法和注意事项吗？请简要地写一写。

_____
_____
_____
_____

引导问题 8：用万用表测量电压的方法和注意事项是什么？

_____
_____
_____
_____
_____

引导问题 9：你还记得兆欧表吧，那它的作用和使用方法是什么呢？

_____
_____
_____
_____

引导问题 10：请查阅资料，总结安装与检修过程的安全注意事项。

_____
_____
_____

小提示

（1）在低压设备上的检修工作，必须事先汇报组长，经组长同意后才可进行工作。

（2）在低压配电盘、配电箱和电源干线上的工作，应填写工作票；在低压电动机和照明回路上的工作，可用口头联系，以上两种工作至少应由两人进行。

（3）停电时，必须将相关电源都断开，并取下熔断器，在刀闸操作手柄上挂"禁止合闸，有人工作"警示牌。

（4）工作时，必须严格按照停电、验电、挂停电牌的安全技术步骤进行操作。

（5）现场工作开始前，应检查安全措施是否符合要求，运行设备及检修设备是否明确分开,严防误操作。

(6) 检修时,拆下的各零件要集中摆放,拆卸无标记线时,必须将接线顺序及线号记好,避免出现接线错误。

(7) 检修完毕,经全面检查无误后,通电试运行,将结果汇报组长,并做好检修记录。

展示与评价

各个小组可以通过各种形式,对整个任务完成情况的工作总结进行展示,以组为单位进行评价。其他组对展示小组的过程及结果进行相应的评价,评价内容为下面的"小组评价"内容;课余时间本人完成"自我评价",教师完成"教师评价"内容。

(一) 评价表

项目	自我评价			小组评价			教师评价		
	10~8	7~6	5~1	10~8	7~6	5~1	10~8	7~6	5~1
小组活动参与度									
信息收集及简述情况									
时间观念									
出勤情况									
安装步骤掌握情况									
检修步骤掌握情况									
仪容、仪表符合活动要求									
总评									

(二) 教师点评(教师根据各组展示分别做有的放矢的评价)

1. 找出各组的优点并进行点评
2. 对各组的缺点进行点评,并给出改进方法
3. 总结整个任务完成中出现的亮点和不足

学习活动四：施工现场调研、制定安装方案

学习目标

1. 能进行现场调研，对实际环境进行勘测。
2. 能根据现场调研情况，结合布置图和接线图，制订安装方案。
3. 能列出所需工具和材料清单。

学习地点

机床检修实训室

学习课时

12 课时

学习过程

通过前面的工作我们已经得知，X62W 万能铣床电气控制线路进行安装时应该遵循"获取车铣电气控制线路资料→制定方案→现场调研→确定安装方案"的操作步骤，那作为一名专业人员应该如何进行现场调研呢？请你想一想，回答下列问题。

引导问题 1：现场调研的主要工具有哪些？

_____

_____

引导问题 2：X62W 万能铣床的安装注意事项有哪些？

_____

_____

引导问题 3：专业人员和铣床使用人员沟通后，还应该进行哪些初步检查？

_____

_____

电动机控制线路的安装与检修

引导问题 4：结合元件布置图和接线图，如果要进行该项工作，应该满足的前提条件和注意事项是什么？

_____

_____

引导问题 5：请你们小组进行讨论，制定详细的安装计划。

_____

_____

_____

_____

展示与评价

评价、展示各组同学配盘过程和成果，在展示的过程中以组为单位进行评价。其他组对展示小组的成果进行相应的评价，评价内容为下面的"小组评价"内容；课余时间本人完成"自我评价"，教师完成"教师评价"内容。

（一）评价表

序号	项目	自我评价			小组评价			教师评价		
		10~8	7~6	5~1	10~8	7~6	5~1	10~8	7~6	5~1
1	学习兴趣									
2	现场勘察效果									
3	遵守纪律									
4	观察分析能力									
5	准备充分									
6	协作精神									
7	时间观念									
8	元器件布置图									
9	接线图									
10	工作效率与工作质量									
	总评									

(二) 教师点评（教师根据各组展示分别做有的放矢的评价）
1. 找出各组的优点并进行点评
2. 对各组的缺点进行点评，并给出改进方法
3. 总结整个任务完成中出现的亮点和不足

学习活动五：现场施工

学习目标

1. 能采取正确的安全措施。
2. 能采用合适的方法查找故障点。
3. 能用适合的方法排除故障。

学习地点

机床检修实训室

学习课时

60 课时

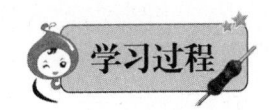

学习过程

引导问题1：根据现场特点，应该采取哪些安全、文明的作业措施？

_____
_____
_____

引导问题2：选择哪些标识牌？如何悬挂？

_____
_____
_____

引导问题 3：请你简要叙述确定具体的故障点的操作流程。

_____
_____

引导问题 4：在检修过程中会用到的工具和材料有哪些？

_____
_____

引导问题 5：如果自检后发现电路存在故障，请你按照工艺要求进行故障排除并记录。

_____
_____
_____
_____

引导问题 6：让我们来比一比哪个小组工作完成得最好。请各小组排除教师预设的故障，并进行简要总结。

_____
_____

小提示

电源故障分析流程：

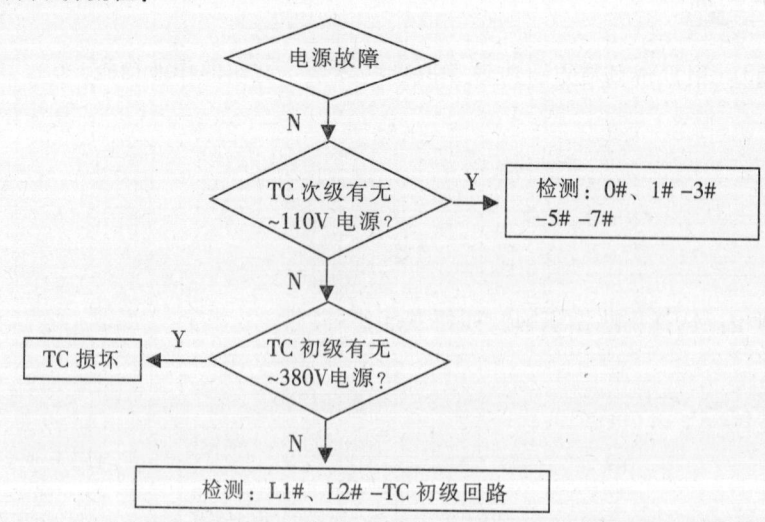

```
         ┌─────────┐
         │ 电源故障 │
         └────┬────┘
              │ N
              ▼
       ┌───────────┐    Y    ┌──────────────────┐
       │ TC次级有无 ├────────▶│ 检测：0#、1# -3# │
       │ ~110V电源？│         │      -5# -7#     │
       └─────┬─────┘         └──────────────────┘
             │ N
             ▼
  ┌────────┐  Y  ┌───────────┐
  │ TC损坏 │◀────┤ TC初级有无 │
  └────────┘     │ ~380V电源？│
                 └─────┬─────┘
                       │ N
                       ▼
              ┌─────────────────────────┐
              │ 检测：L1#、L2# -TC初级回路 │
              └─────────────────────────┘
```

知识拓展

1. X62W 万能铣床电气控制线路常见故障及检修方法

故障现象	可能的原因	检修方法
工作台各个方向都不能进给	进给电动机不能启动	首先检查控制开关 SA2 是否在断开位置。若没有问题，接着检查 KM1 是否已吸合动作
工作台能向左右进给，不能向前后、上下进给	行程开关 SQ5 或 SQ6 由于经常被压合，可能出现接触不良的现象	用万用表欧姆挡测量 SQ5-2 或 SQ6-2 的接通情况
工作台能向前后、上下进给，不能向左右进给	行程开关 SQ3 或 SQ4 出现故障	用万用表欧姆挡测量 SQ3-2 或 SQ4-2 的接通情况
工作台不能快速移动，主轴制动失灵	电磁离合器工作不正常	检查接线有无松脱，电磁离合器线圈是否正常，离合器的动摩擦片和静摩擦片是否完好

2. X62W 万能铣床电气线路常见故障分析

（1）故障现象：主轴电动机 M1 不能起动。

原因分析：①控制电路没有电压，故障可能是控制线路中的熔断器 FU6 熔断；FR1、FR2 常闭触头断开。②接触器 KM1 未吸合，按起动按钮 SB2，接触器 KM1 若不动作，故障必定在控制电路。如按钮 SB1、SB2 的触头接触不良，接触器线圈断线，连线接触不良，就会导致 KM1 不能通电动作。当按 SB2 后，若接触器吸合，但主轴电动机不能起动，故障原因必定在主线路中，可依次检查接触器 KM1 主触点及三相电动机的接线端子等是否接触良好；开关 SA3 是否处于停止位置。（正常工作时 SA3 应处于左或右的位置）

（2）故障现象：主轴电动机不能停转。

原因分析：这类故障多数是由于接触器 KM1 的铁芯面上的油污使铁芯不能释放或 KM1 的主触点发生熔焊，或停止按钮 SB5、SB6 的常闭触点短路所造成的。应切断电源，清洁铁芯表面的污垢或更换触点，即可排除故障。

（3）故障现象：主轴电动机的运转不能自锁。

原因分析：当按下按钮 SB2 时，电动机能运转，但放松按钮后电动机即停转，是由于接触器 KM1 的辅助常开触头接触不良或位置偏移、卡阻现象引起的故障。这时只要将接触器 KM1 的辅助常开触点进行修整或更换即可排除故障。辅助常开触点的连接导线松脱或断裂也会使电动机不能自锁。

（4）故障现象：工作台不能快速移动。

原因分析：按点动按钮 SB3（SB4），接触器 KM2 未吸合，故障必然在控制线路中，这时可检查点动按钮 SB3（SB4），接触器 KM2 的线圈是否断路；按钮和接触器 KM2 的线圈连线是否开路。接触器 KM2 吸合，故障在电磁离合器 YC3 控制回路中，FU3 熔断，整流桥损坏，YC3 开路，KM2 常开触点接触不良或者连线开路。

3. 在确定故障点以后，无论修复还是更换，对电气维修人员来讲，排除故障比查找故障要简单得多。在排除故障的过程中，应先动脑后动手，正确分析可起到事半功倍的效果。需注意的是，在找出有故障的组件后，应该进一步确定故障的根本原因。在排除故障过程中还要注意线路做好标记以防错接。

展示与评价

评价、展示各组同学配盘过程和成果，在展示的过程中以组为单位进行评价。其他组对展示小组的成果进行相应的评价，评价内容为下面的"小组评价"内容；课余时间本人完成"自我评价"，教师完成"教师评价"内容。

（一）评价表

评价项目	评价内容及评价分值		
	优秀（10~8）	良好（7~6）	继续努力（5~1）
元器件选择			
元器件检测			
电工工具的使用			
X62W万能铣床电气线路原理分析			
元件布局			
配盘走线			
电动机运转情况			
导线的损坏			
接线的正确性			
美观协调性			

（二）**教师点评**（教师根据各组展示分别做有的放矢的评价）

1. 找出各组的优点并进行点评
2. 对各组的缺点进行点评，并给出改进方法
3. 总结整个任务完成中出现的亮点和不足

学习活动六：通电试车、交付验收

学习目标

1. 能正确实施自检。
2. 能正确进行通电试车。
3. 能正确填写维修记录。

学习地点

机床检修实训室

学习课时

10 课时

学习过程

结合小组任务完成情况，回答以下问题。

引导问题 1：维修完毕后，自检的内容有哪些？

引导问题 2：如何使用万用表进行自检，请叙述自检过程。

引导问题 3：通电试车是检修完成后的最后一道自检程序，你还记得 X62W 万能铣床的操作方法吗？

_____
_____
_____
_____

小提示

X62W 万能铣床通电试车的具体操作步骤：

1. 合上电源开关 QS1
2. 按 SB1（SB2）→主轴电动机 M1 运转
3. 合上 QS2→冷却泵 M3 运转

断开 QS2→冷却泵 M3 停止。

按 SB5（SB6）→主轴电动机 M1、冷却泵电动机 M3 停止。

4. 按 SB3（SB4）→工作台进给电动机 M2 运转（点动）。

引导问题 4：通电试车应满足哪些前提？操作时应注意哪些问题？

_____
_____
_____
_____

引导问题 5：你的维修工作完成了吗？还需要做哪些事？具体工作是什么？

_____
_____
_____
_____

展示与评价

各个小组可以通过各种形式，对整个任务完成情况的工作总结进行展示，以组为单位进行评价。其他组对展示小组的过程及结果进行相应的评价，评价内容为下面的"小组评价"内容；课余时间本人完成"自我评价"，教师完成"教师评价"内容。

（一）评价表

项目	自我评价			小组评价			教师评价		
	10~8	7~6	5~1	10~8	7~6	5~1	10~8	7~6	5~1
电路原理图识读									
各器件的选择									
导线选择									
按布置图安装器件									
各器件安装的牢固性									
按电路图布线是否正确									
布线工艺									
整体检测									
通电试车									
美观协调性									
合计									

（二）**教师点评**（教师根据各组展示分别做有的放矢的评价）

1. 找出各组的优点并进行点评
2. 对各组的缺点进行点评，并给出改进方法
3. 总结整个任务完成中出现的亮点和不足

学习活动七：工作总结与评价

学习目标

1. 归纳总结自己的获得（包括技能和知识）。
2. 展示工作成果。
3. 自评、互评、教师评价。

学习地点

机床检修实训室

学习课时

8 课时

学习过程

结合小组任务完成实际情况,回答以下问题:

引导问题 1:请你简要叙述在 X62W 万能铣床电气控制线路检修工作中学到了什么知识?

_____
_____
_____

引导问题 2:请回顾你的操作过程简要叙述在 X62W 万能铣床电气控制线路检修工作中掌握了哪些技能?

_____
_____
_____

引导问题 3:在检修工作过程中还要考虑哪些非专业因素,为什么?

_____
_____
_____
_____
_____

引导问题 4:讨论总结小组在检修工作过程中还存在哪些不足,如何进行改进?

_____
_____
_____
_____
_____

引导问题 5：小组交流课程学习回顾，研讨你小组如何展示你们的学习成果。记录下来：

_____

学习过程经典经验记录表

序号	学习过程描述	经典经验

展示与评价

评价结论以"很满意、比较满意、还要加把劲"等这种质性评价为好，因为它能更有效地帮助和促进学生的发展。小组成员互评，在你认为合适的地方打√。

项目一体化学习总评价表

项目	自我评价			小组评价			教师评价		
	A	B	C	A	B	C	A	B	C
出勤时间观念									
工作页完成情况									
明确任务情况									
电路原理分析情况									
施工前准备情况									
方案可实施性									
检修方法									
通电试车									
评价是否合理									
综合评价									
教师总评	总成绩							
备注									

注：本活动考核采用的是过程化考核方式作为学生项目结束的总评依据，请同学们认真对待妥善保管留档。

图书在版编目（CIP）数据

电动机控制线路的安装与检修 / 任晓琴, 杜美华, 管法家主编. -- 北京：中国书籍出版社, 2018.2
ISBN 978-7-5068-6757-3

Ⅰ.①电… Ⅱ.①任… ②杜… ③管… Ⅲ.①电动机-控制电路-安装②电动机-控制电路-检修 Ⅳ.①TM320.12

中国版本图书馆CIP数据核字(2018)第039657号

电动机控制线路的安装与检修

任晓琴　杜美华　管法家　主编

责任编辑	丁　丽
责任印制	孙马飞　马　芝
封面设计	管佩霖
出版发行	中国书籍出版社
地　　址	北京市丰台区三路居路97号（邮编：100073）
电　　话	（010）52257143（总编室）　（010）52257140（发行部）
电子邮箱	eo@chinabp.com.cn
经　　销	全国新华书店
印　　刷	荣成市印刷厂有限公司
开　　本	787 mm × 1092 mm　1/16
字　　数	266千字
印　　张	13.75
版　　次	2018年2月第1版　2018年2月第1次印刷
书　　号	ISBN 978-7-5068-6757-3
定　　价	39.00元

版权所有　翻印必究